腸内細菌と共に生きる

免疫力を高める
腸の中の居候

藤田紘一郎

技術評論社

はじめに ——「人間の見方」の向こうにある視点

「共生」というと、皆さんはどんなイメージを持つでしょうか？

通常、この地球の様々な生き物たちが寄り添い、助け合って生きている姿を思い浮かべるかもしれません。その助け合いの関係を壊しているのが私たち人間であり、なかには「人間さえいなければ地球環境はもっと良くなるはずだ」と、人間の存在を諸悪の根源のように受け止めている人もいるでしょう。

こうしたとらえ方が１００パーセント間違っているとは言いません。自然環境がここまで破壊されてきた現実を考えれば一理ある考え方と言えます。しかし、この本ではそれとはまったく逆と言っていい視点を提供したいと思っています。

たとえば、腸内細菌を「善玉」「悪玉」というふうに分けてとらえる見方がありますが、本当は微生物に善も悪もありません。それは人の見方にすぎず、自然界にはただ生き物たちの営みがあるだけというのが本当でしょう。

じつは、そこに共生の本質が見え隠れしています。私たちは少々「人間の見方」に慣れてしまっていて、「生き物たちの助け合い」を美しいものとして思いがちですが、いいことをしようと思って、生き物たちは活動しているわけではありません。

むしろ、こうした人間中心の視点から離れることで見えてくるのが、この本で取り上げていく「共生」の実態と考えればいいでしょう。

私は寄生虫の研究に始まり、アレルギーや免疫との関わり、それらの延長上に見えてきた腸内細菌の多様な働き、そして腸と脳のつながり、さらには細胞内に寄生し、エネルギーを生み出すことになったミトコンドリアの活動に至るまで、たえず一貫して「共生」というテーマを追い求めてきたように思います。

それは、人が当たり前に思い描いている「きれい・汚い」「いい・悪い」「正しい・間違っている」などの二元的な価値観が根本から覆されてしまうことの連続でした。そのため私の脳はおおいに混乱しましたが、同時に人間の価値観から離れ、自分が生物の一員であることを思い出させてくれる貴重な体験でもあったと思います。

発想の転換という言葉がよく使われていますが、その一方で、私たちはつねに「何が正しいか?」で物事を考えようとします。しかし、それでは目の前で起こっている現象はゆがめられ、自然のすがたは見えてきません。

「共生」は決して綺麗ごとではなく、もっと生々しい、善も悪も、どちらともつかないものもすべて混在したこの世界の有り様そのものです。悪玉菌が本当は悪でないように、人もまた悪い存在ではありません。その観念から脱け出したとき、この本のメッセージが意味を持ってくるかもしれません。

はじめに

「共生」にまつわる種々の話は、これまで刊行してきた本のなかでも触れてきたことはありますが、いま思うと正面切って論じてこなかったテーマだったかもしれません。私の長い研究生活の根幹にあるこの大事なテーマについて、集大成のつもりで、これからじっくり解きほぐしていきたいと思います。

藤田紘一郎

目次

目　次

第1章

……

すべては「共生」で成り立っている

共生よりも生き延びること

共生は「共に生きる」と書きますが、生物の進化の歴史の中では、共生よりまず生き延びることが優先されてきました。生きることは生き延びること、それは進化というより、いまも続いている生物の生存の基本にほかなりません。

ただ生き延びるだけだった生き物が、多様化し、複雑に進化していくなかで大きな助けとなったのが、他の生き物との共生です。

共生と言っても、この本で重視したいと思っているのは、腸内細菌や寄生虫のような体の中に棲んでいる生き物たちです。

一般的には、「一つの生存圏に多種多様な生物が棲んでいる状態」を共生と呼ぶことが多いかもしれませんが、ここでは範囲を絞り、「一つの生き物に他の様々な生き物が一緒に棲んでいる状態」を共生と呼びたいと思っているのです。

こうした共生は、生物の進化だけでなく、いま生きている私たちにとっても無縁なものではありません。「共に生きる」ことを前提にして生命活動が営めているからこそ、健康を維持し、元気に過ごすことができているのです。

では、この「共生」は、いつから始まったのでしょうか？　生命誕生は40億年ほど前にさかのぼりますが、きっかけとなったのは、20億年ほど前に現れたシアノバクテリアの存在です。

地球上にまだ酸素がなかった時、無酸素でもエネルギーが生み出せる、いわゆる「解糖エンジン」で生きる生物が当たり前でしたが、シアノバクテリアのような光合成を行って酸素を出す生き物が現れることで状況が一変しました。

結論を言うと、そこで始まったのが共生だったと考えられます。有害だった酸素を処理できるアルファプロテオバクテリアという生き物が生まれ、地球上にもともと生息していた古細菌と共生を始めたからです。

このアルファプロテオバクテリアが、細胞内でエネルギーを生み出す「ミトコンドリア」という小器官の前身だったと考えられています。古細菌はアルファプロテオバクテリアと出会い、有害な酸素を処理してもらうことで生き延びることができたわけですから、この出会いが共生のスタートだと言えるのです。

共生の始まりはミトコンドリア

もう少し正確に言うと、もともと古細菌は海中の有機酸などからブドウ糖を作って、これをエネルギー源（ＡＴＰ）に生きていたわけですが、こうした解糖エンジンから生み出されるエネルギーはごく少量です。細胞分裂するくらいの活動には適していましたが、これではそれ以上の爆発的な進化は望めません。

これに対し、シアノバクテリアが作り出した酸素を利用すると、解糖エンジンとは比べ物にならないくらい多量のエネルギーが作れます。古細菌がアルファプロテオバクテリアを取り込み、

図 1-1 ◎共生から生まれたミトコンドリア

ミトコンドリアとの共生によって生物は飛躍的に進化した。共生なしに生物の進化は成り立たない。

ミトコンドリアが生まれることでそれが可能になったのです。

細胞分裂で増殖していた古細菌は、原核生物とも呼ばれています。この段階では細胞に核はなく、ＤＮＡがほとんど裸のままに収まっています。

古細菌がアルファプロテオバクテリアを取り込んだ結果、核ができ、やがてアルファプロテオバクテリアがミトコンドリアとして同化することで、私たちの体を構成する細胞の原型ができていったのです。

こうして生まれた私たちの祖先は、真核生物と呼ばれています。

共生がなかったら、真核生物は生まれなかったわけですから、その先の進化もなかったということです。意外と見落とされていることですが、**共生が進化をうながす爆発的なエネルギーを作り出してくれた**のです。

地球上の生き物がこれだけの種に多様化し、繁栄するようになったのも、共生の成せる業であることを知る必要があるでしょう。

腸内細菌のルーツはどこに

地球上に最初に出現したのは、単細胞の生物だったと言われています。先ほど述べた原核生物、古細菌がこれに該当します。この核がない原始的な単細胞生物が分裂を繰り返すだけの時代が、地球の誕生から20億年くらい続いたのです。

ここまで述べてきたように、真核生物が生まれるまでのこの原初の段階では、まだ「共生」はなかったと考えていいでしょう。

いいや、必要がなかったのです。周囲の環境に適応しながら、栄養を補給し、自分自身をコピーして無限に増やしていけばよかったわけです。

正確に言えば、単細胞生物の場合、接合によってＤＮＡの一部を交換するものもありますから、ミトコンドリアのように本当に入り込まなくても、細胞どうしのやりとりはあったのではないかと思います。その意味では、単細胞生物の時代にも共生はあったと言えますが、どういう重要な働きをしているかはあまりわかっていません。

種として存在しているだけで、明確な個体の区別もなかったでしょうから、おたがいの生存に便利なものを共有していたのは間違いありませんが、ここではあまり深入りせず、もっと多細胞化していった段階に進んでいきましょう。

古細菌がアルファプロテオバクテリアを取り入れ、栄養だけでなく酸素も使うことで、多量のエネルギーが生み出せることになり、それを原動力に生物の多細胞化がうながされました。単細胞が多細胞生物になって、それから植物、動物が生まれていったわけですが、原核生物がいなくなってしまったわけではありません。

いなくなるどころか、**こうした古い時代の生き物こそが、進化した生物の生存を支配していると言ってもいい**いかもしれません。

たとえば、進化の過程をたどっていくと、古細菌とか真正細菌と呼ばれる細菌の仲間がまず現れ、それから真核生物に進化した最初の段階の生き物が、キノコやカビのような菌類とか原虫、アメーバなどに分かれていきました。

これらの原初の生き物のなかで、いまでも我々の体を牛耳っているのが、いちばん古い時代の細菌たち、その代表が腸内細菌です。

これから詳しく解説していきますが、こうした菌たちは酸素がない状況で増殖していく、太古の時代さながらの生活を腸内で続けています。**私たちのお腹の中では40億年前につくられた小宇宙がいまも残っていて、文字通り、我々が生きていくためのものすごい大きな力を宿している、**ということになります。

共生という言葉を使う時、古い時代の生き物が進化した生き物に棲み着いて、大きな影響を与えている。――こうした生き物どうしの関係性がとても重要になってきます。ミトコンドリアしかり、腸内細菌しかり、太古の時代に枝分かれした原初の生き物に助けられることで、私たちのような高等生物は生き延びることができたのです。

初めに異物ありき

共生の第一歩がミトコンドリアとの合体、これは細胞の内部の共生でしたが、その後、第二段階として腸内での共生が始まりました。

多細胞化して、動物が生まれ、ヒトが生まれ……後述しますが、こうした進化の過程で食べ物を取り込む消化管が生まれ、原核細胞のような古い時代の生き物が腸内に存在するようになったことで、共生の意味が変わってきたのです。

腸ばかりではなく、皮膚の表面とか、女性の膣の中にも、昔の細菌たちが棲んでいますが、共生の力を最も発揮しているのが腸の中です。

なにしろ、食べ物を取り込み、吸収し、排泄させる消化管は、いまでこそ様々な器官に分化していますが、もとはと言えばすべてが腸でした。実際、動物の臓器では腸が一番先に生まれています。進化の歴史においても腸だけの時代が長く続いていますから、腸が共生の主要な舞台となっているのも当然と言えるでしょう。

こうした話をすると、「異物が体に共生しているなんてあまり気持ちがよくない」とイメージする人もいるかもしれませんが、生物の歴史をひも解いてみると、「異物ありき」「共生ありき」でここまで来たのが現実です。

つまり、異物との共生がないと進化もなかったし、そもそも満足に生きることもできなかったのです。いまの日本人は、異物がいない状態を清潔だ、きれいだと思い込んでいますが、これまでの本でさんざん語ってきたように、そうした清潔志向は生命の本質に反しています。**異物をむやみに排除することは生物が生きてきた歴史を否定することであり、現実にも自分で自分の首を絞めていることだと知るべきでしょう。**

図 1-2 ◎「共生」の２つのステップ

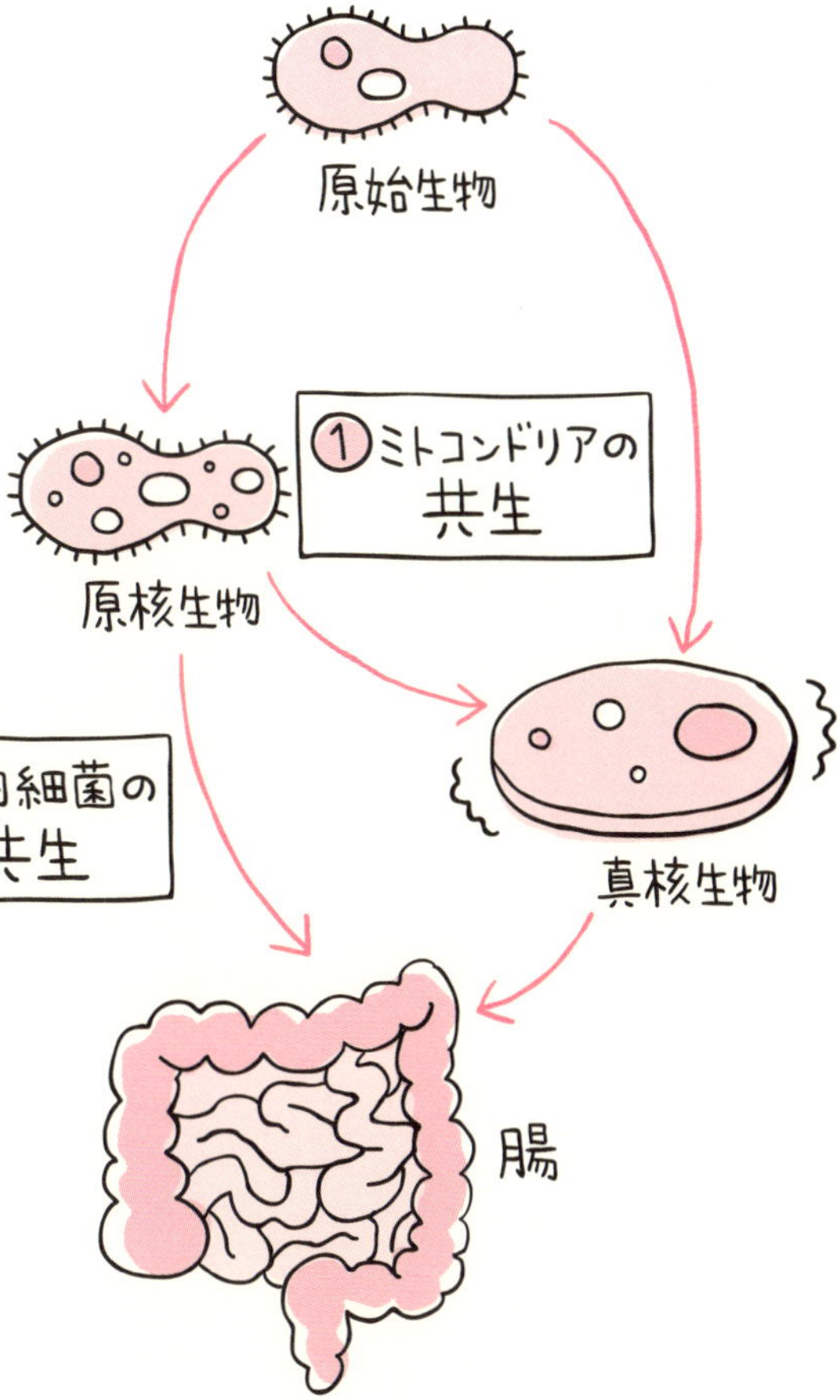

ヒトへの進化の過程で大きな役割を果たした、ミトコンドリアと腸内細菌。どちらも共生がキーワードだ。

もちろん、異物との共生の主要舞台が腸だった以上、その異物に対処する免疫の働きも腸から始まっています。

食べ物を体内に取り込む際に、菌やウイルスなど様々な異物が入り込んできますから、これも当然と言えば当然の話です。最初は、自然免疫といって異物をただ貪食していただけでしたが、進化していく中でもっと複雑な獲得免疫も形成されていきました。

免疫を担当しているのは血液中の白血球ですが、自然免疫はこのうちのマクロファージや好中球、NK細胞が代表です。一方の獲得免疫はリンパ球（T細胞、B細胞など）が中心になって抗体をつくるシステムをいいます。

ちなみに、マクロファージのような食細胞は原生動物、T細胞やB細胞が出てきたのは鳥類、抗体ができたのは魚類の頃からだと言われています。

抗体が作られるようになると、過剰反応の一種としてアレルギーなども現れるようになりますが、ともあれ生物が進化し、脊椎動物が生まれ、魚類に進化したあたりから免疫も複雑になっていったわけです。

内部のようでいて外部

共生について考えていくなかで、ちょっとわかりづらいのが、体の内と外の概念です。

細胞の中に入り込んだミトコンドリアが共生の最初だと言いましたが、多細胞化し、腸管ができてからは体表に異物が住み着くようになりました。

腸は体の中にあるので、腸内細菌が体内に住み着いているように思ってしまいますが、そこは腸という一本の管なので、厳密に言えば内部ではないのです。腸内細菌の大部分は小腸の表面に付着しています。棲み着いている菌たちからすれば、内部であろうと外部であろうと関係はありませんが、体内に取り込まれてしまっているわけではありません。

ミトコンドリアは共生していたはずがいつの間にか一つの器官になってしまいましたが、腸内細菌はあくまでも異物のまま。それが全身にぎっしり付着しているイメージで、とりわけ腸に集中しています。要するに、進化すればするほど異物の関与が強くなった、そのように共生の意味が変わっていったわけです。

では、共生することのメリットはどこにあるのでしょうか？　そこには、宿主であるヒトにとってのメリットと菌たちにとってのメリットの両方があると言えますが、ヒトにとっては消化を助けてもらっているという点が大きいでしょう。

食べることは生きることに直結していますから、その役割はきわめて重大です。

面白いことに、ヒトを含めた宿主には消化する力が備わってはいますが、**自前の消化力だけでは栄養を十分に取り込めないため腸内細菌に頼らなくてはなりません。消化管（腸）がぜん動さえすれば、食べ物が分解され、吸収できるわけではありません。初めから異物との共生ありきで消化の仕組みが作られているの**です。

また、体を動かすためにはビタミンが必要ですが、そのビタミンを自分の体だけで作るのは限界があるため、この仕事の一部も腸内細菌にやってもらっています。ビタミンB群やビタミンKなどがこれに該当します。というより、そういうビタミンを作る細菌を腸内に取り込んでしまったというのが本当かもしれません。

ヒトはビタミンB群やビタミンKを自分では作れませんが、BもKも作れる動物がいることを考えると、進化の発展途上で作れない生き物が作れる生き物と共生するという、そういう生き残り戦略をとったということでしょう。

前述しましたが、進化すればするほど自前の器官だけではうまく生き延びることができなくなり、共生が必要になっていったのです。かたや、共生する菌たちは、消化管を通してエサを分けてもらい、快適な生存環境を手に入れたのと引き換えに、その生存環境、つまりは宿主の健康を保つ手助けをしてくれているのです。

腸内細菌あっての免疫?

免疫に関して面白い話を一つすると、マクロファージやリンパ球だけでなく、腸内細菌もその働きに一役買っているという事実があります。

たとえば、O-157のような病原性大腸菌が入ってきた時、腸内細菌の共生がうまくいっていると自然と追い出されてしまいます。自分の免疫の力をことさら用いなくても、異物であるは

図 1-3 ◎免疫は腸内細菌の共同作業

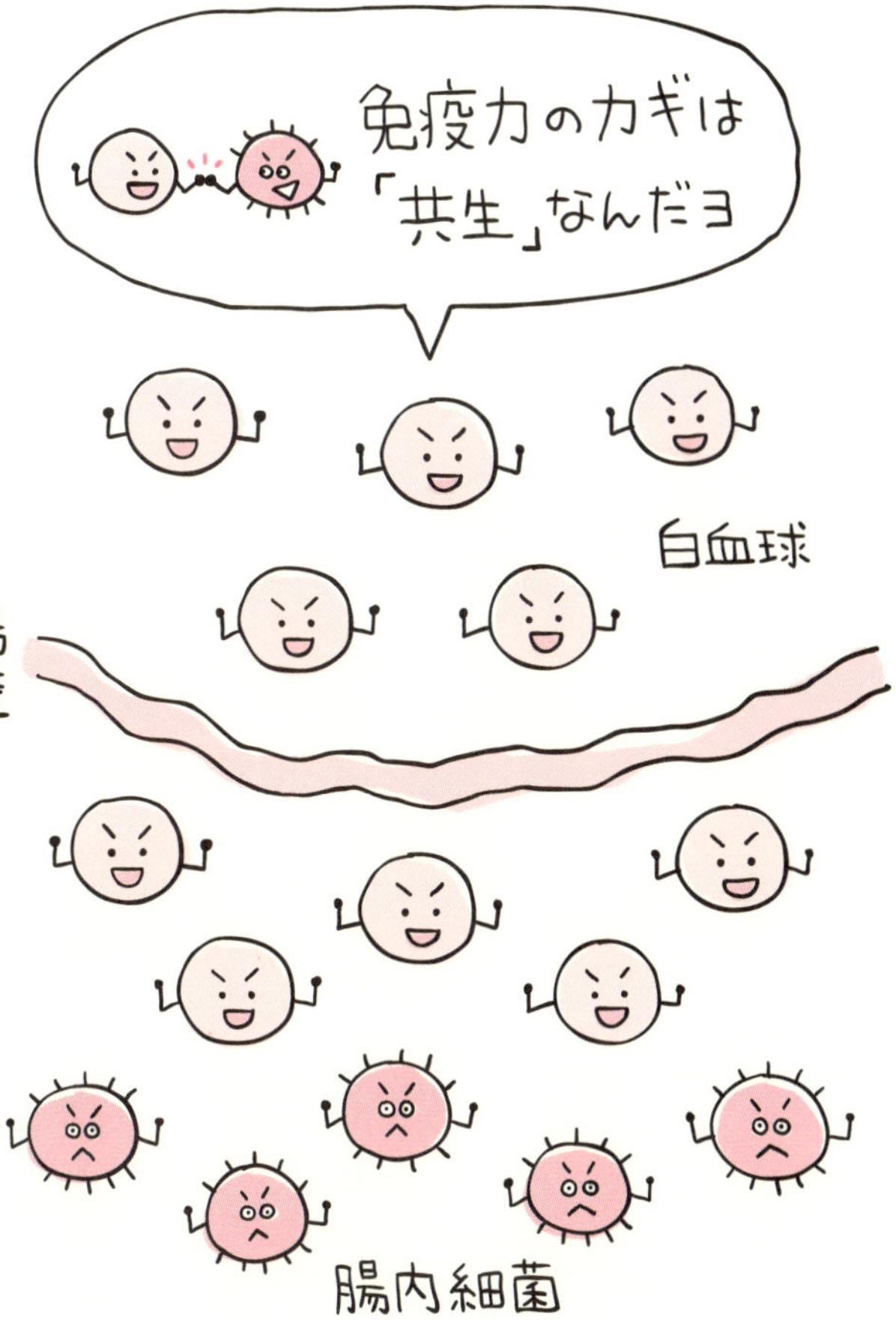

免疫＝白血球というイメージが強いが、じつは腸内細菌の果たしている役割も大きい。免疫のカギはまさに「共生力」！

ずの腸内細菌がそうした病原体を自然と排除してくれるのです。

免疫のシステムは、腸内細菌も含めて成り立っている。――これはあまり語られていないことなので意外に思った人もいるでしょう。実際、免疫のどんな教科書を見ても、そういうことは書かれていませんが、**免疫とは白血球だけの仕事ではなく、腸内細菌との共同作業として行われている**ものなのです。

一つのデータを挙げると、1996年に大阪でO-157が流行した時、堺市が小学生全員の便を検査したのですが、どの子供の便の中にもO-157がたくさんいたにもかかわらず症状はまちまちで、一回も下痢をしない子供が30%もいました。一方、ちょっと下痢した子供が60%。重症になって入院した子供は全体の10%だけでした(注1)。

それで、どういう子供が入院しているかを調べたら、わかりやすく言うと、みんな山の手の一戸建てに住んでいたのです。しかも、お母さんがめちゃくちゃ神経質で、きれい好きでした。こうしたお母さんは、菌はすべて悪いものだと思って排除しようとする。その結果、免疫そのものが弱くなって、O-157に対する抵抗力が弱まっていったと考えられるのです。

一方、一回も下痢しなかった子供は、下町に住んでいて泥んこ遊びばかりしていた、いわゆる汚い子供でした。腸内細菌を調べると、そうした子は腸内細菌がちゃんと共生していて、O-157を取り込んでも重症化していないのです。

こうしたデータはその後の食中毒事件でも確認できましたから、食中毒の症状の個人差は腸内細菌の状態によるということは、かなりハッキリしてきたと思います。

そもそも、昔はO-157がいなかったのかというと、牛の胃や腸の中に棲んでいたことがわかっています。牛にとってはまったく有害な菌ではないのですが、食べ物などを通してヒトに経口感染するとひどい食中毒を引き起こすこともあります。

昔の日本人がO-157を食べていても重症化する人が少なかったのは、腸内細菌との共生がうまくいっていたからでしょう。ただ殺菌、除菌をすれば防げるわけではないことは自明ですし、むしろ、その温床を作っている可能性もあるのです。

腸内細菌の数が戦前の3分の1に下がっているという、私が取ったデータがありますが、腸内細菌が少なくなると、こうした有害な菌が侵入してきても追い出すパワーがありません。共生のバランスが崩れてしまうのです(注2)。

たとえば、肺炎など深刻な感染症を引き起こすレジオネラ菌は、空調設備に使われている循環水や入浴施設などで繁殖することがありますが、昔の人は温泉に行って、その温泉水を飲んでも誰もかかりはしませんでした。それが、いまでは多数の感染症が報告されるようになったのです。

おそらくこれも、腸内細菌が減り、共生の循環が崩れてきている証拠でしょう。共生を軽視したことでしっぺ返しが起きているのです。免疫の仕組みだけを見ていると、こうした背後関係まではなかなかわからないでしょう。

手洗いで感染は防げない

最近では、ノロウイルスの感染がさかんに取りざたされるようになってきました。私のところにも、ノロウイルスが流行すると、新聞、ラジオ、雑誌などからひっきりなしに問い合わせがありますが、そうしたマスコミの人たちもどこかでうすうす疑問を感じているのでしょう、「手洗い、手洗いと言っていますが、いくらやっても感染を防ぐのは無理じゃないでしょうか？」、そんな質問を受けることが珍しくありません。

たとえば、２０１４年1月に、浜松市の小学校などでノロウイルスによる大規模な集団感染が起こり、１０００人を超える児童と学校職員が嘔吐や下痢などの症状を訴えて欠席したと言われています。

こうした感染を防ぐには、手洗いなどの徹底が必要……対処法として必ずと言っていいほど除菌、殺菌が語られていますが、問題になった感染源と見られている給食パンの工場でも、トイレに行ったらドアが自動的に開くし、蛇口を触らないでも水が出る。――一昔前と比べれば、衛生面はかなり向上しているはずなのです。

「それでも感染が起こってしまうのだから、手洗いしても無理じゃないですか」、そうした質問に対し、私は「そうなんですよ、日本人の40％は感染しても発病しない、ただノロウイルスの保菌者となるだけなんですから」と答えるようにしています。

前述のO-157に至っては、発症はわずか10％、ほとんどの子供は感染しても、ちょっとお

図 1-4 ◎感染しても発症するとは限らない

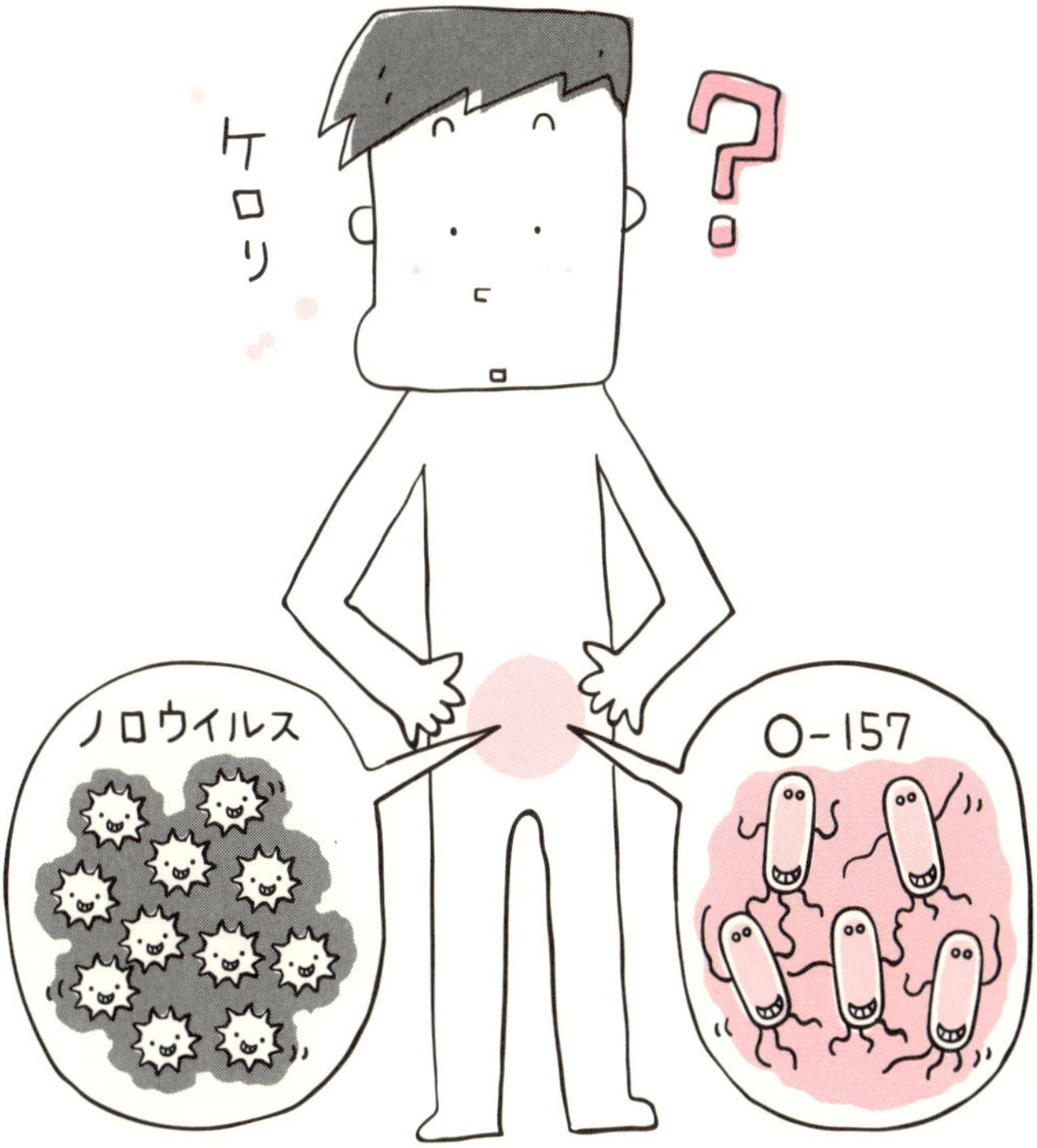

病原菌やウイルスは健康な人の体にも常在し、場合によっては発症しないままとどまり続けることもある。感染即発症と思われがちだが、発症するのは免疫機能の低下など、別の理由によることが多い。

腹の調子が悪くなる程度です。免疫さえしっかり働いていれば、何の問題もないことがわかります。そもそもノロウイルスなんて、人に感染してもまったく症状が出なかったため、昔は名前すらついていなかったのです。

要は、**免疫が落ちてきたことで感染症が顕在化してきた。免疫力を高めるための提案をするならともかく、ただ手洗いやうがいだけで解決しようなんて、どだい無理な話**です。

過去の時代において感染症でたくさんの人が亡くなったことは事実ですが、清潔にすれば病気が防げるという考えは大きな誤りです。近代医学はその発想で異物を除去し、結局、「キレイ」を目指すことで共生を排除してきました。しかし、それで健康になれたのかというと、そんなことはまったくありません。昔ならば何でもなかったような菌やウイルスに、現代人はたやすくやられてしまっているのです。

テレビを見ていると、石鹸でゴシゴシと皮膚の常在菌を無くすことを熱心にすすめていますが、いったいどこまで続けるのかと思います。「かかっても平気な人間になりましょう」というキャンペーンをする番組が一つくらいあってもいいと思うのですが、みんな判で押したようにキレイ、キレイと言っていますから、この先も免疫は落ち、体はますます弱くなって、何でもない菌にやられてしまうでしょう。

最近、アメリカでは抗菌石鹸の発表に際して、本当に疾病予防や感染防止に有効であることの証明を義務づけることを決定しました。抗菌石鹸に含まれる殺菌剤によって、細菌が抗生物質に対して耐性を持つようになったり、ホルモンに予期せぬ影響を及ぼす可能性が出てきたからです。

共生の思想がヒトの生き方の基本だと理解しないかぎり、また違う菌やウイルスが現れて、大きな問題を引き起こすことになるはずです。

無菌では生きられない

少し脱線してしまったので、ふたたび腸内細菌と免疫の話に戻りましょう。

腸内細菌は、白血球のような免疫細胞と協働して、よく知られているように、腸内で体全体の免疫の70％くらいを作っています。

そういう協働関係はいまにはじまったものではなく、いまから約10億年ほど前、腔腸動物が誕生した頃に起源が見出せます。クラゲやイソギンチャクなどがその代表で、前述したように、腸の原型が生まれることで食べ物を消化吸収することはできるようになりましたが、自力では大変だったので菌たちの助けを借りることになったのです。

ヒトはセルロース（食物繊維）を分解する酵素を持っていませんが、腸内細菌はそれを分解してくれます。もともと食物繊維は栄養素としては使えないものでありながら、腸内細菌によって重要な栄養素に変えられているわけです。

つまり、すべてが有機的に絡み合って代謝が行われているのです。共生が前提であるのは自然界では当たり前のことで、別に急に始まったことではありません。かなり古い時代から腸内細菌

図 1-5 ◎腸内細菌との共生の始まりは？

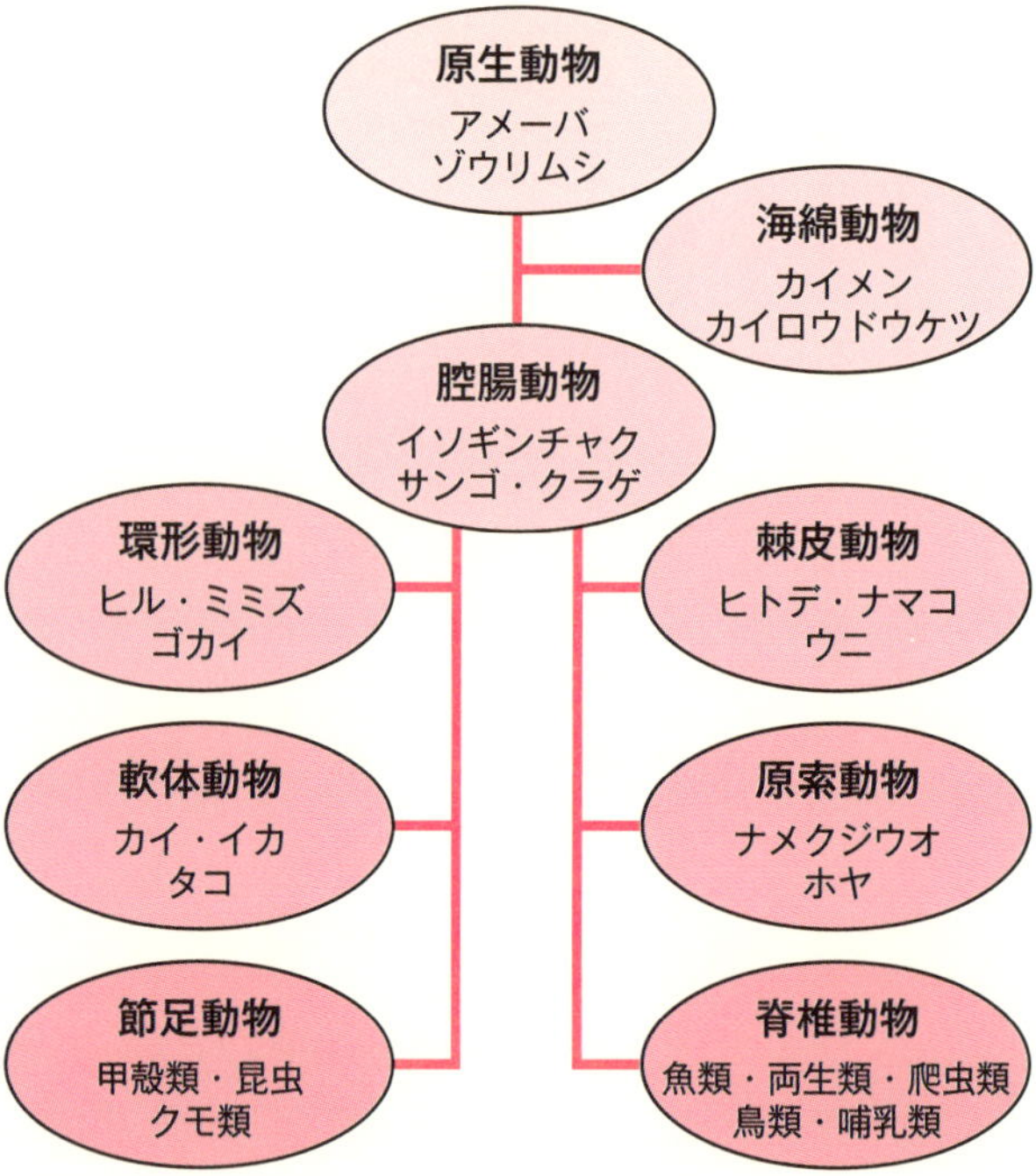

腸内細菌との共生は、10 億年ほど前、腔腸動物が誕生した頃に起源が見出せる。腸の原型が生まれ、共生した菌たちに消化吸収を助けてもらうことで、脊椎動物の誕生へといたる進化の多様性がもたらされた。

を利用し、持ちつ持たれつの関係でやってきたのです。

ですから、無菌ということは基本的には成り立ちません。そもそも、腸内細菌のほうが生物としてはずっと先輩ですから、人間社会もそうですが、先輩の知恵をもらうためには、一緒に生活をする、仕事をするのが一番です。

そういう関係性の中で腔腸動物は生き延び、それから環形動物、軟体動物といったかたちで進化してきました。共生の基本は変わらないまま、宿主の体の仕組みが少しずつ複雑になり、最終的にはヒトが生まれるに至ったのです。

こうした進化の過程で腸がとりわけ重要なのは、言うまでもなく、食べるということが生存に深くかかわっているからです。

ただ、食べることでいろいろな菌も取り込みますから、次に免疫というシステムができて、共生できない異物を追い出すようになりました。こちらで何かをしなくても、すでに共生している腸内細菌が粛々と遂行してくれている。消化管ができたばかりの頃の生き物は、まだ免疫の力が十分に備わっていなかったと思いますから、そうした腸内細菌に助けてもらって免疫を成り立たせたと言ってもいいかもしれません。むしろ、その比重のほうがずっと高く、関係性はいまでもずっと残っているのです。

つまり、消化を助ける、免疫も助ける。もっと言えば、腸内細菌が分解したものを今度は免疫のほうに使うような双方向のやりとりもある。ここには、食物繊維のような消化が十分にできない物質も関わっています。

ちなみに、食物繊維は消化できないと言われていますが、その一部は腸内細菌によって分解され、エネルギー源として利用されます。また、エネルギー源にならないものも消化を助け、毒素を排出させるなどして腸内の免疫の働きにも寄与しています。繰り返しますが、腸という器官が単独で消化や免疫を担っているわけではないのです。

免疫は腸で70%が作られていることは確かですが、「共生」によって成り立っている要素がとても大きいことを知るべきでしょう。

腸内で繰り返される生物史

では、腸内細菌はO-157のような病原体を排除し、宿主の健康を維持することに、具体的にどのような形で関与しているのでしょうか?

O-157に感染した人の便を調べると、腸内細菌が多い人のほうが症状が軽いので、O-157の排除に関わっていることは間違いありません。ただ、実際に腸内細菌がどう働き、どんな物質を出しているのか、その仕組みはよくわかっていません。

そもそも、腸内細菌の働きにはブラックボックスが多いのです。

たとえば、腸内細菌によって性格まで決まってしまうということも指摘できますし、後述しますが、感情の起伏とも深く関わり合っています。太ったり、痩せたり、体型や体格を決めるのもそうです。それがなぜかということはハッキリわからないけれども、状況的にそうだということは確実に言えるわけです。

なにしろ、腸内細菌はものすごく種類が多く、ここ数年の研究で、3万種類は存在すると言われるようになりました。これまで腸内細菌は100種類・100兆個ほどだと考えられてきましたが、これは培養できる菌だけを対象にしたものでした。遺伝子検査でわかるようになってきたら、その数が3万種類・1000兆個以上というふうに変わってきています。

それらのほとんどが培養できない菌ですから、何をやっているのかわかりませんが、おそらく、日和見菌なのでしょう。悪玉菌、善玉菌の働きは昔から言われているのでわかっていますが、腸内の大部分は日和見菌でまだ全然働きがわからないのです。

いずれにせよ、このものすごい数の菌たちの関わりを想起したら、免疫や消化の概念が変わってくるのは当然ですし、腸は40億年前の地球上の生物の姿を映し出しています。その働きの総和で我々は生かされているのです。

たとえば、生物が最初に生まれたのは海の底だと言われていますが、赤ちゃんが生まれたのも、胎内という海の底です。「個体発生は系統発生を繰り返す」という、ドイツの生物学者ヘッケルの有名な言葉の通り、地球上で起きたことが腸のなかでも繰り返されているのです。40億年前の生物の進化の過程を見ることが、自分のお腹の中でできるのですから不思議としか言いようがありません。

図 1-6 ◎腸内細菌のほとんどは日和見菌！

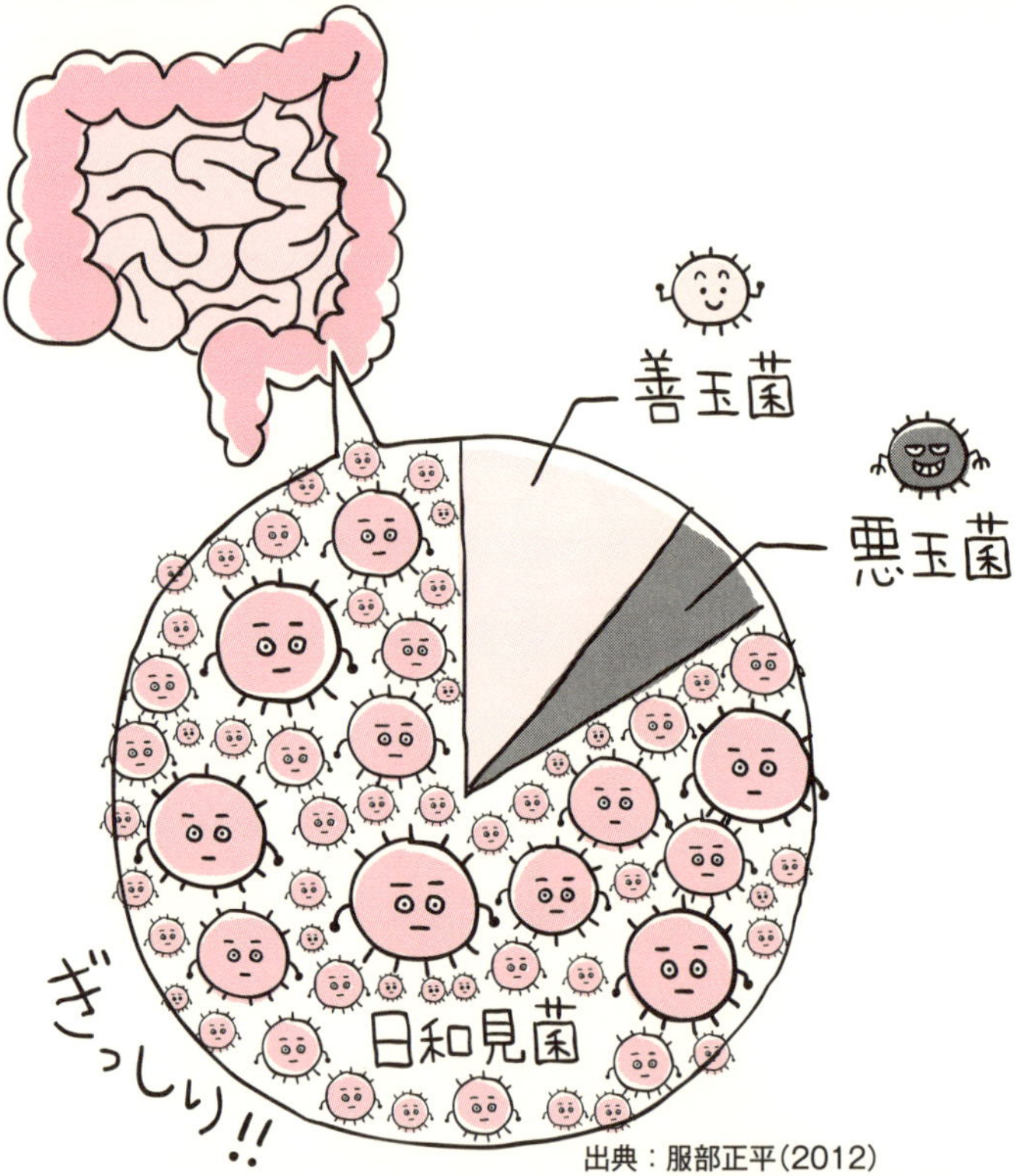

出典：服部正平（2012）
『日経サイエンス』を改編

腸内細菌のほとんどは培養できない日和見菌。この無数の菌たちの働きや性質は十分にわかっていませんが、生物の進化に深く関わってきたことは，確かでしょう。

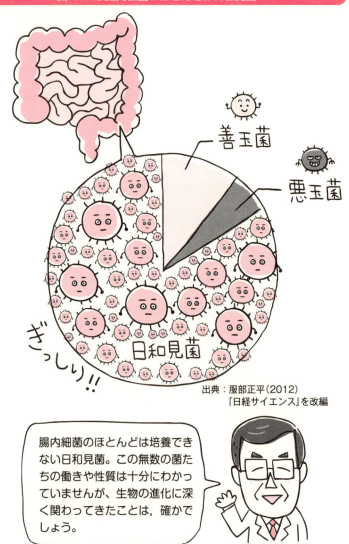

そうした歴史を考えたら、むしろ自分がもっている免疫よりも、腸内細菌のほうが影響は強いと言えるかもしれません。免疫力を高めるという言い方をしますが、それは腸内細菌が多いということと重なり合います。免疫システムとか、消化のシステムとか、個別に調べていくことに意味がないとまでは言えませんが、そうした内部システムより、ほとんどは外部から来た共生菌が重要な働きをしていて、その力のほうが大きいのです。

それが、健康増進のために腸内細菌を増やす、体にいい働きをする善玉菌を増やすということが大事だという話につながってくるわけです。

腸内細菌がメンタルを操る

ここでもう一つだけ触れておきたいのは、腸内細菌とメンタルの関係です。

詳しくは第3章で述べていきたいと思いますが、私たちの感情には、ドーパミンやセロトニンといった神経伝達物質の働きが深く関与していると言われています。ただ、これらの物質は脳の働きと結びつけられるばかりで、それらの物質が腸で作られているということはほとんど忘れられているのが現状でしょう。

簡単に言えば、**神経伝達の起源は脳ではなく消化管のなかに見出せるのです。もちろん、そこには腸内細菌も深く関わり合っています。**

なぜなら、腸内細菌が腔腸動物の中に入ってきて、免疫の仕事をしたり、ビタミンを合成したり、いろんな仕事をするようになる過程で、腸内細菌どうしの情報伝達がどうしても必要になってきます。右に挙げた神経伝達物質と呼ばれるものは、じつは腸内細菌どうしの交流のなかで必然的に作られたものなのです。

ピンと来ない人は、「あなたはビタミンを作りなさい」とか、「あなたはO-157が侵入してきたら外に出しなさい」というような情報伝達を、腸内細菌が神経伝達物質を使って命令しているとイメージすればいいでしょう。

ミミズのような消化管だけで成り立っているような生き物にも、何兆個という腸内細菌が共生していますから、脳はなくても、すでにその頃からそういう情報伝達は行われていたはずです。

私は幼い頃、ミミズにおしっこをかけるイタズラをしたことがあります。翌日、私の大事なところがパンパンに腫れて、痛くてたまらない経験をしました。

おしっこをかけられたミミズが怒って私の股間を目がけて毒を放出したのでしょう。このように、いじわるをすると怒って汁を出したりするなど、すでにミミズの段階で原始的な感情は持っていたと言えるかもしれません。

実際、セロトニンもドーパミンも脳に起源があるわけではなく、食べ物に含まれるタンパク質を原料にして腸で作られています。タンパク質は腸でアミノ酸に分解され、そのうちのトリプトファンやフェニルアラニン、グルタミンに腸内細菌の作ったビタミンが加わることで、セロトニンやドーパミン、GABA《ギャバ》が作られているのです。

図 1-7 ◎神経伝達物質は腸で作られる！

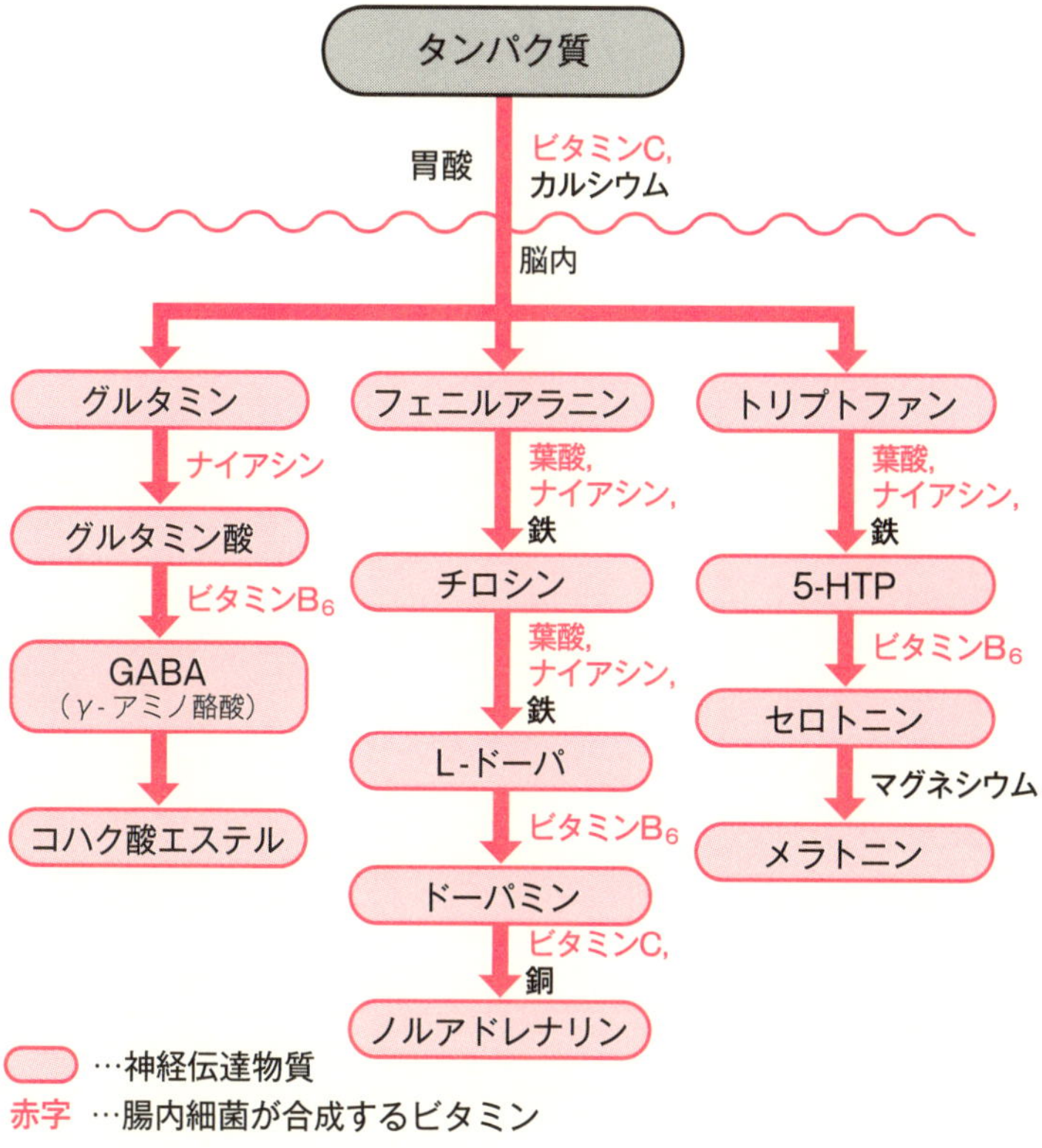

脳内の神経伝達物質は、食事から摂取したタンパク質を原料に、腸内細菌が合成するビタミンなどが加わることで、すべて腸内で作られている。まさに「初めに腸ありき」（溝口徹『「うつ」は食べ物が原因だった！』をもとに作成）。

そのようにして作られた神経伝達物質は、まず腸内の情報伝達に用いられていました。それが後に脳が形成されたことで、そうした仕組みの一部が脳にも移行して、いまの科学で語られているような脳と感情の関わりが生まれたのだと言えます。詳しくは後述しますが、**心の病気にしても体の病気にしても、原点にある腸内の共生関係、情報のやりとりを紐解いていくことで解決の糸口が見えてくるはず**なのです。

現に私は自殺を何回も繰り返しているようなうつ症状の人にサナダムシを飲んでもらうことで、症状を劇的に改善させるという経験を何度もしています。腸が変わることで、心も自然と変わっていきます。腸内細菌を増やしたり、活性化させたりすることもメンタルの改善に大きく影響しますが、それもその延長線上で捉えればいいでしょう。

「サナダムシは薬かい?」

余談になりますが、こうしたメンタルケアを内々にやっていたのが当時の大学に見つかって、一時期、医学部の査問委員会で何度も詰問を受けました。

「藤田、お前、サナダムシは薬かい?」と言うから、「まだ薬とはなってないと思います」。「では、食べ物かい?」と聞いてくるので「いえ、食べ物でもありません」と答えたら、「薬事法違反と食品衛生法違反で訴えるぞ」と言われて、「ごめんなさい」と必死に謝りながら、それでもしばらく陰でコソコソ続けていました。

もちろん、サナダムシを飲ませるだけでなく、その人が愛情を持てるような名前をサナダムシにつけるようにし、飲んでもらう人にそのことをきちんと説明もします。

「あなたの体はあなただけのものじゃないよ。今日からアケミちゃんが入っているんだから、勝手に死んじゃダメだよ。アケミちゃんが苦しむから」。「キヨミちゃんが悲しいと思うことはやめなさいよ」と言って、そうした言葉がどこまで効いたのかはわかりませんが、サナダムシを飲んだ人は皆、自殺をやめました。その後、その人たちは大学へ入ったり、アトピーが治ったりと、人生が好転していくのを繰り返し見ています。

まあ、サナダムシを実際に使うかどうかはともかく、「薬は使わないほうがいい」という立場をとると、それだけでひどい目に遭うのが医療界での現状です。効果があるとわかっているものであっても、私のような詰問を受けますから、相当な信念を持ってやらないと大変でしょう。

私は教授になって、もうクビになってもいいという時期にこのような非常識と思われるような治療や研究をやっていましたが、「がんもどき」理論を唱えた近藤誠先生のように、講師の時代に「抗ガン剤は効かない」と言ってしまうと、なかなか出世は望めないのかもしれません。

いずれにせよ、腸とメンタルの関係が根本だという話になると、薬よりも食べ物のほうが大事だという話に自然となります。腸内環境を整える基本は食生活になりますから、薬で成り立っているいまの医学とはどうしても衝突するのです。

精神科で処方されるクスリ（向精神薬）も、すべて脳とメンタルの関わりを前提に作られていますから、発想そのものも衝突します。どちらが正しいという以前に、いまの医学の主流にいる人には都合の悪い話なのでしょう。

悪玉菌が暴れる理由

また余談が過ぎてしまいましたが、腸内細菌と共生をめぐる話は、私たちの常識を覆してしまう、問題提起をうながすエッセンスに満ちています。

頭を柔らかくして、杓子定規にとらえるのをやめないと、いろいろと理屈に合わない矛盾に苦しめられることになります。

たとえば、病原性の高い菌やウイルスであっても、感染して即発症につながるわけではありませんが、ひとたび体がいらないと判断をすると、腸内細菌全体が寄ってたかって動き出します。そして、セロトニンが多量に分泌されることで腸管がぜん動運動を始めて下痢などを起こし、一斉に排除する方向で反応が始まります。

下痢はセロトニンの働きによるものです。悪い菌が入ってきたらセロトニンが過剰に分泌され、腸のぜん動運動が促され、おそらく腸内細菌も何らかの物質を分泌するなどして総出で対処して、共生の環境を守ろうとするのです。

そうした反応が厳然と働く一方で、腸内に共生している大腸菌やウエルシュ菌などの悪玉菌は排除されずに、こうしているいまもお腹の中に棲んでいます。

悪玉菌は不摂生が続くと暴れ出し、腸内腐敗を起こすことで共生のバランスを崩してしまう悪い働きをしますが、ふだんは共生する菌たちの一員です。前述したように、病原性の高い菌やウイルスにしても、すぐに排除されるとはかぎらないのです。

何をもって共生が許され、何をもって排除につながるのでしょうか？　その線引きはきわめて曖昧に映るかもしれませんが、それは目先の善悪ではなく、もう少し広い視野で体が必要だと判断をすれば悪いものでも受け入れているということでしょう。

免疫とは自己と非自己を認識する仕組みと言われていますが、こうして見ると、それもおかしいとわかるはずです。なにしろ、腸内細菌が棲んでいます。これらの菌は明らかに非自己であり、自己に不利益なことをする場合もありますが、排除はされません。ですから、最近では、**自己にとって非自己（異物）が危険かどうかを価値的な判断をしているのが免疫の仕組みではないか**という新しい説も出てきています。

これは「デンジャーセオリー」といって、危険な病原細菌は排除されますが、多少悪いことをしても安全だと見なされた腸内細菌は排除されず、共生させようとする働きが免疫の本質であるという発想につながっていきます。

大事なのは、自己か非自己かではなく、安全かどうか。その境界は曖昧ですが、体が健康なときはそれがバランスよく処理されるということです。なぜかというとわからないけれど、そういうふうになっているわけです。

図 1-8 ◎「自己か非自己か」より「危険かどうか」

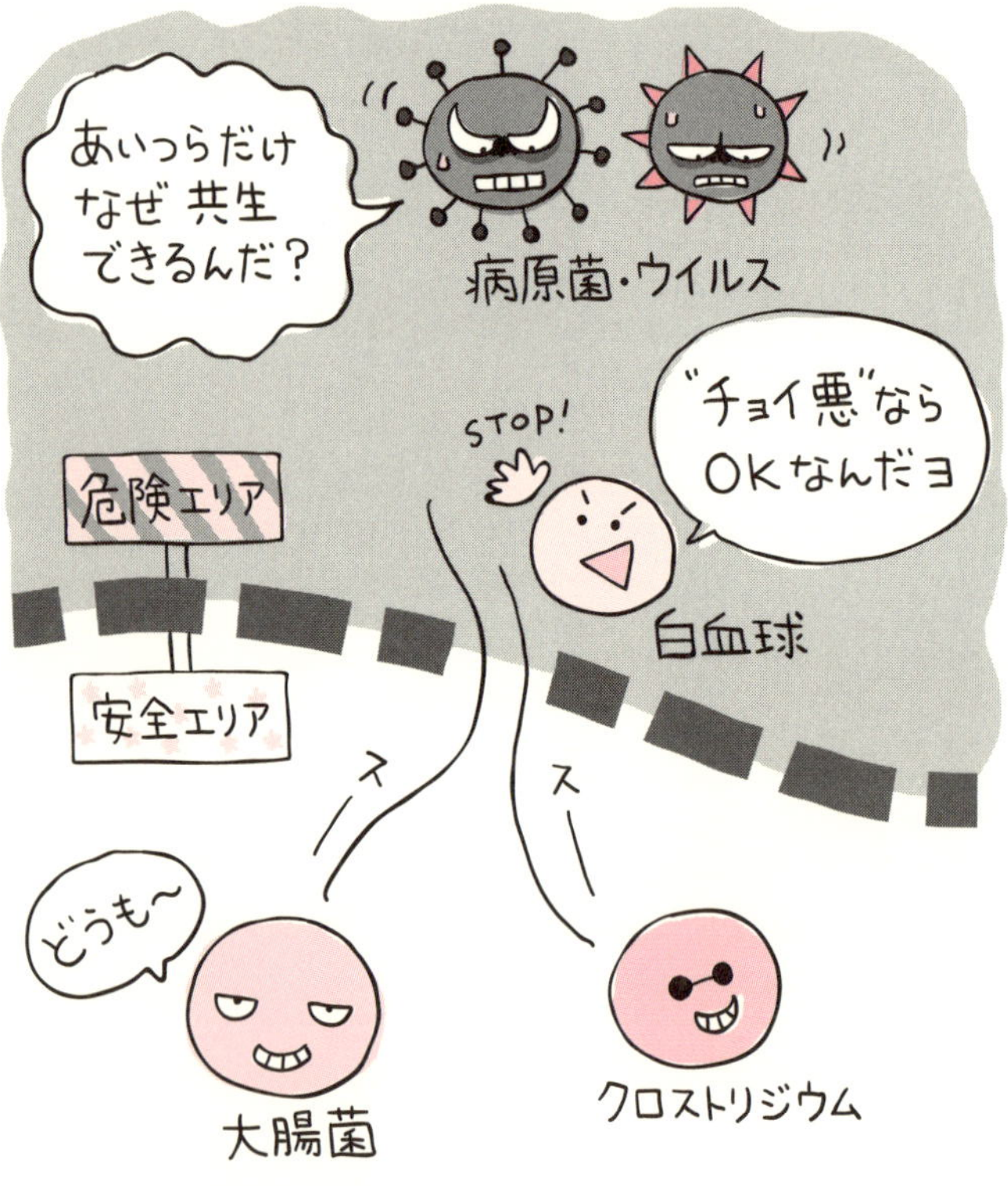

「非自己」であるはずの腸内細菌は、白血球に排除されず、生命誕生の初期から共生し、宿主の健康を支えている。「自己か非自己か」ではなく、「危険かどうか」が免疫の基準と言えそうだ。

そう考えると、「個体とは何か?」ということにも疑問が出てきます。個体というのは厳密には存在していなくて、いろいろな外部の生物の助けを受けて生きている、そのうえで自己と非自己の境界もあるのです。少なくともヒトにはその境界が明瞭にあるわけですから、もっと適した言葉を考えたほうがいいかもしれません。

いずれにせよ、私たちは一人では生きられない、本当にここを忘れないでほしいと思います。この社会で生きていくうえで、それが当然だということはわかっていると思うのですが、大元にある体もそうだということです。「一人ではない」という前提がないと、よりよい生存について考えられないものなのです。

寄生虫がアレルギーを防ぐ

免疫についてお話ししてきましたが、進化の過程で獲得免疫が入ってきて、アレルギーが出てきたことで、共生の世界の姿もややこしくなってきます。

獲得免疫がどういう仕組みであるかというと、まず体の中にインフルエンザウイルスのような異物が入ってきた場合、マクロファージが出動して食べてしまいます。ここまでは自然免疫と同じですが、ここから先、T細胞とB細胞という二つのリンパ球を介して、より複雑な免疫の働きが起こるわけです。

具体的には、マクロファージがウイルスを食べると、その情報が抗原提示細胞のなかに存在するMHCクラスⅡとTCRを介してT細胞に伝わります。すると、その情報はCD40タンパク質とくっつくことでB細胞に伝わります。その結果、B細胞はインフルエンザに対処するための抗体（IgE抗体）を作ります。だから、B細胞は抗体産生細胞といいます。一方で、マクロファージは食細胞とか、抗原情報伝達細胞と呼ばれています。

この仕組みがあるので、おたふく風邪のウイルスが入ってきたら、その情報が伝わって、B細胞はおたふく風邪に対する抗体を作ります。麻疹《はしか》のウイルスであれば、麻疹の抗体ができます。これが抗体によって防御する獲得免疫の本来の姿なのですが、問題なのはスギの花粉が入ってきても、同じ反応が起こるケースがあるということです。

マクロファージは見境もなく何でも食べてしまうため、そのマクロファージの情報でB細胞はスギ花粉に対する抗体を作ってしまうのです。この場合、インフルエンザとか、おたふくとか、麻疹とか、そういう病原体が入ってくるとIgGという抗体が作られますが、花粉とかハウスダストとかダニとかが入ってくると、IgEという別の抗体ができ、これがアレルギーという免疫の過剰反応の原因になってしまうのです。

獲得免疫ができたために アレルギーができたと言えますが、もちろん、誰もがアレルギーになってしまうわけではありません。アレルギーになる人とそうでない人、その違いはどこにあるのか？

ここでも大事なのは共生の原理です。たとえば、**腸内に寄生虫が棲んでいると、IgE抗体に非常に弱いので放ってはおけません。そこで、自らの生存のためにアレルギーを抑える働きをす**

図 1-9 ◎花粉症が生まれるしくみ

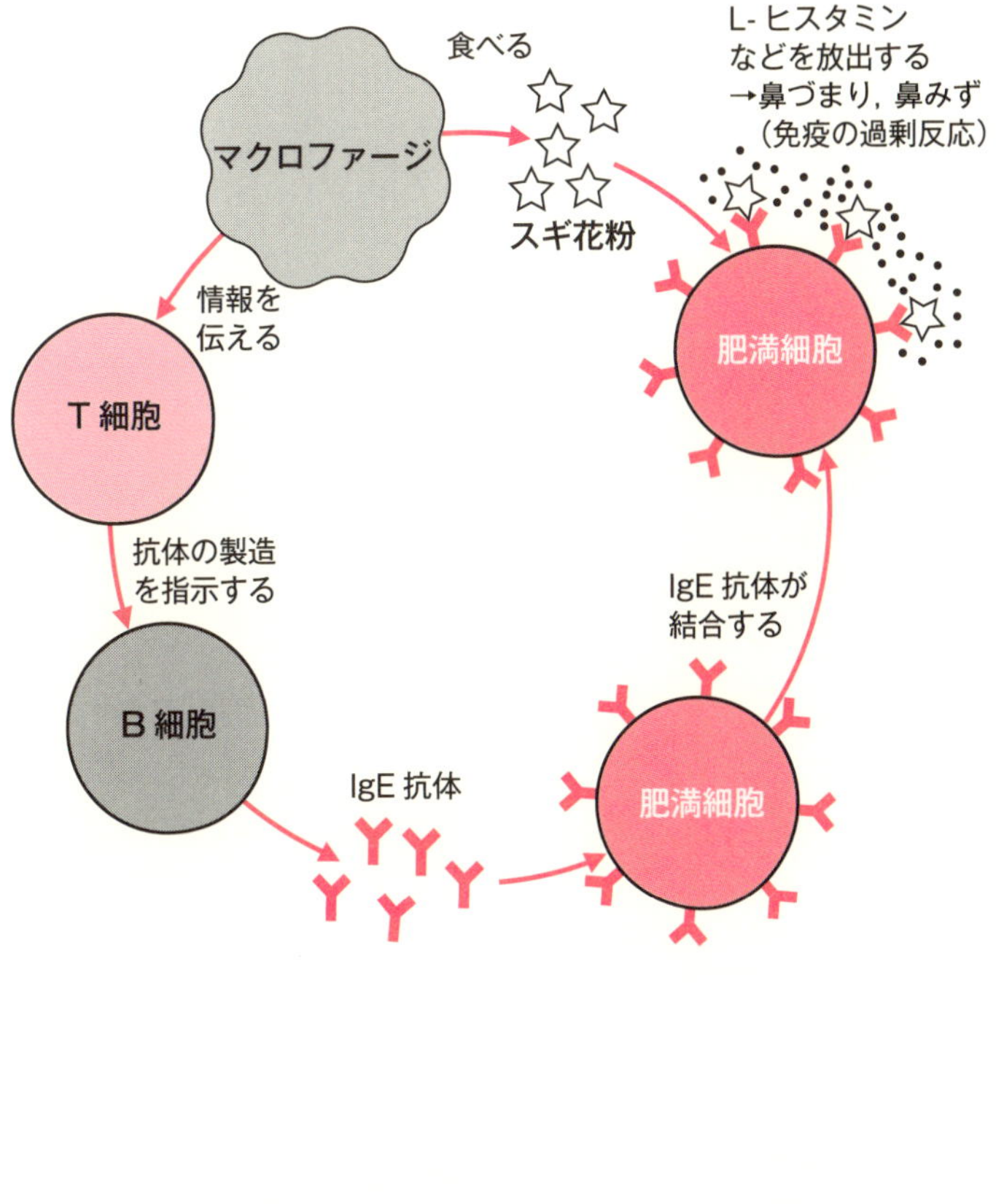

マクロファージがスギ花粉の情報をキャッチすると、T 細胞→B 細胞はスギ花粉の抗体（IgE）を作ってしまう。この IgE 抗体が鼻粘膜の肥満細胞と結合することで免疫の過剰反応が引き起こされ、アレルギーの原因になる。

ることが、私の研究でわかってきたのです。

事実、私が小さい時には、花粉症もアトピーも喘息もありませんでした。スギ花粉症の第一例は１９６３年、日光の患者さんだったと言われています。アトピーや喘息も同時期の１９６５年から確認されています。これに対し、少し前のデータになりますが１９５０年における日本人の寄生虫の感染率は約70％です（73ページの図2-3を参照）。

おそらく、縄文時代からずっとこの割合で推移してきたのでしょう。もちろん、過去の時代に日本人がアレルギーに悩まされたという事例は見つかっていません。近年で言っても、私がインドネシアで調査をすると、子どもたちはいまでもアトピー、喘息になりませんが、全員、寄生虫を腸内に持っていました。

詳しくは次章で書きますが、実際、私は寄生虫からアレルギーを抑える物質を見つけています。寄生虫分泌排泄液のなかに存在する分子量２万のタンパク質です。これがＣＤ40の中に入ることで、スギ花粉のような抗原物質をブロックしていることがわかりました。

だから花粉が入っても、花粉に反応するＩｇＥ抗体が作られないのです。寄生虫がお腹の中にいることでアレルギーを抑えているわけです。

噛むことで免疫も進化

それにしても、マクロファージは花粉を誤って食べてしまうわけですから、免疫といってもずいぶん大雑把で、無駄なことをしているように思われるかもしれません。

これは「異物がやって来たら食べる」という、とても単純なマクロファージの働きがベースにあるので仕方がありません。花粉は食べない、ばい菌は食べていいという判断が、食細胞にはできないのだろうと思います。

とにかく無差別に、マクロファージは手当たり次第に異物を食べて、その結果、アレルギーも起きてしまうのです。**ただ、腸内には細菌や寄生虫という異物も棲んでいたため、こうした危険な異物を排除する、つまり、免疫システムをブロックする仕組みを作り、アレルギーを引き起こすIgE抗体を出さないようにしていたのでしょう。**

自らを助ける反応が、結果として宿主の健康にもつながったという、文字通りの共生の関係がアレルギーの抑止につながっていたのですが、残念ながら、こうした関係性について、日本の医学界はまったくと言っていいほど理解がありません。

私が15年くらいの間、アレルギー学会で発表しているのに、「寄生虫がアレルギーを抑えるなんてとんでもない」と言って、誰も相手にはしてくれませんでした。そこで、しかたなく1994年に『笑うカイチュウ』という本を書いて、一般の人に訴えたことで、世間に知られるようになりました。そのおかげで、すっかりヘンな学者と呼ばれるようになってしまったわけですが、大元の理論は『サイエンス』にも載っている科学的事実なのです(注3)。

そもそも、獲得免疫のようなややこしいものがなぜ生まれたのでしょうか。共生とは何かについて考えるなら、その点についてもよく考えてみる必要があります。

一つ言えるのは、魚類に進化する過程でアゴができたことが大きかったと思います。アゴができて、歯ができて、食べ物を噛むようになった。その結果、これまで栄養にできなかったものもいろいろと取り込めるようになりました。それは生存におおいに貢献したはずですが、より多くのものを取り込めるようになった分、異物も多く入ってきて、従来の自然免疫だけでは対処しきれなくなったわけです。

自然免疫というのは、マクロファージのような食細胞を見ればわかりますが、異物が入ってきてもそのつど戦うことしかできません。そのため、次々と異物がやってくると手に負えなくなるわけで、一度やってきた病原菌はもう二度と来させないような、もう少し高等な仕組みを作らざるを得なくなったのです。B細胞は一度抗体を作るとその情報を記憶しますから、二度目はすぐに対処できる「効率の良い仕組み」でもあるのです。

獲得免疫は、このように生物が多様化していくなかで必要があって生まれたものですが、それと同時に出てきたのがアレルギーであり、自己免疫疾患です。**その不備を共生している生き物たちが補ってきたから問題が起きなかったのに、現代人はそれを壊すような生き方を始めたことで、そうした共生の絶妙なバランスが崩れてしまった**のです。

たとえば、赤ちゃんはお母さんのお腹の中にいる時は無菌で育っています。つまり、免疫ゼロの状態です。いわばゼロの個体が、いきなりこのバイ菌だらけの娑婆へ生まれてくるわけですから、生き延びるためには短い期間に免疫を高めていかなくてはなりません。具体的には、ばい菌を口に入れて抗体を作らないといけないのです。

赤ちゃんがいろんなものを舐めたがるのもそのためで、体に備わった本能で免疫を作っています。そうすることで、無菌で育った赤ちゃんの腸内はあっという間に細菌だらけになりますが、すでに異物に対処できる免疫もついています。

これは、ほかの生き物も当たり前のようにやっています。たとえば、ユーカリを無毒化する酵素を、生まれたばかりのコアラは持っていません。そのため、コアラの赤ちゃんは生まれたら母親の排泄する「パップ」と呼ばれる離乳食を食べたり、土を舐めたりして腸内細菌を増やし、酵素を作り出そうとします。そうしないと、ユーカリを食べられず、生きていけないからです。

同様に、パンダも生まれたら必ず土を舐めたり、お母さんのウンチを舐めたりしますが、それもそうしないと笹を消化する酵素を作れません。このように生まれた直後から共生が始まり、互いに助け合いながら生きる関係が続いていくのです。

「チョイ悪」の菌も必要

この舐めて菌を取り込むということについて、まだピンと来ていない人もいるかと思いますので、もう少し考えてみましょう。

一般的には、舐めるという行為は自分の手や感覚を確かめるなどと言われることもあるようですが、私はそちらの方向ではなく、いろんな菌を体に入れていることに注目しています。そもそも、この菌を取り込んでいるという点がすごく軽視されています。むしろ舐めないほうがいいくらいに、医者も指導しているでしょう。赤ちゃんに手袋をさせたり、ハイハイをやめさせたりするケースもあるくらいです。

後述しますが、最近になって体の免疫の仕組み、腸内細菌は生まれて1年くらいで決まるということがわかってきて、一部の医者はあまり清潔にしすぎるのも良くないというふうに方向転換していますが、それはほんの一部です。まだまだ大部分は赤ちゃんを無菌室のようなところへ入れて、おっぱいも消毒して、哺乳瓶も消毒して、おじいちゃんが寄ってくると「ばい菌さん寄らないで」というようなことをやっています。

おわかりかもしれませんが、そうやって大事に清潔に育てられた子が、じつはひどいアトピーになることが多いのです。事実、そうした赤ちゃんのウンチを調べると、大腸菌がほとんどいませんでした。図1-10のグラフにあるように、生まれて最初は大腸菌だらけにならないといけないのですが、アトピーになった赤ちゃんにはこれがないのです。

免疫をつけるには、腸内が善玉菌だけでは不十分なのです。つまり、悪玉菌と呼ばれる大腸菌がいないと免疫は成立しません。勘違いしている人が多いのですが、**チョイ悪の菌がいないと、善玉菌をいくら入れても免疫は上がらない。社会と同じで、チョイ悪がいないと生きる力はつかないのです。**

図 1-10 ◎年齢とともに変わる腸内細菌

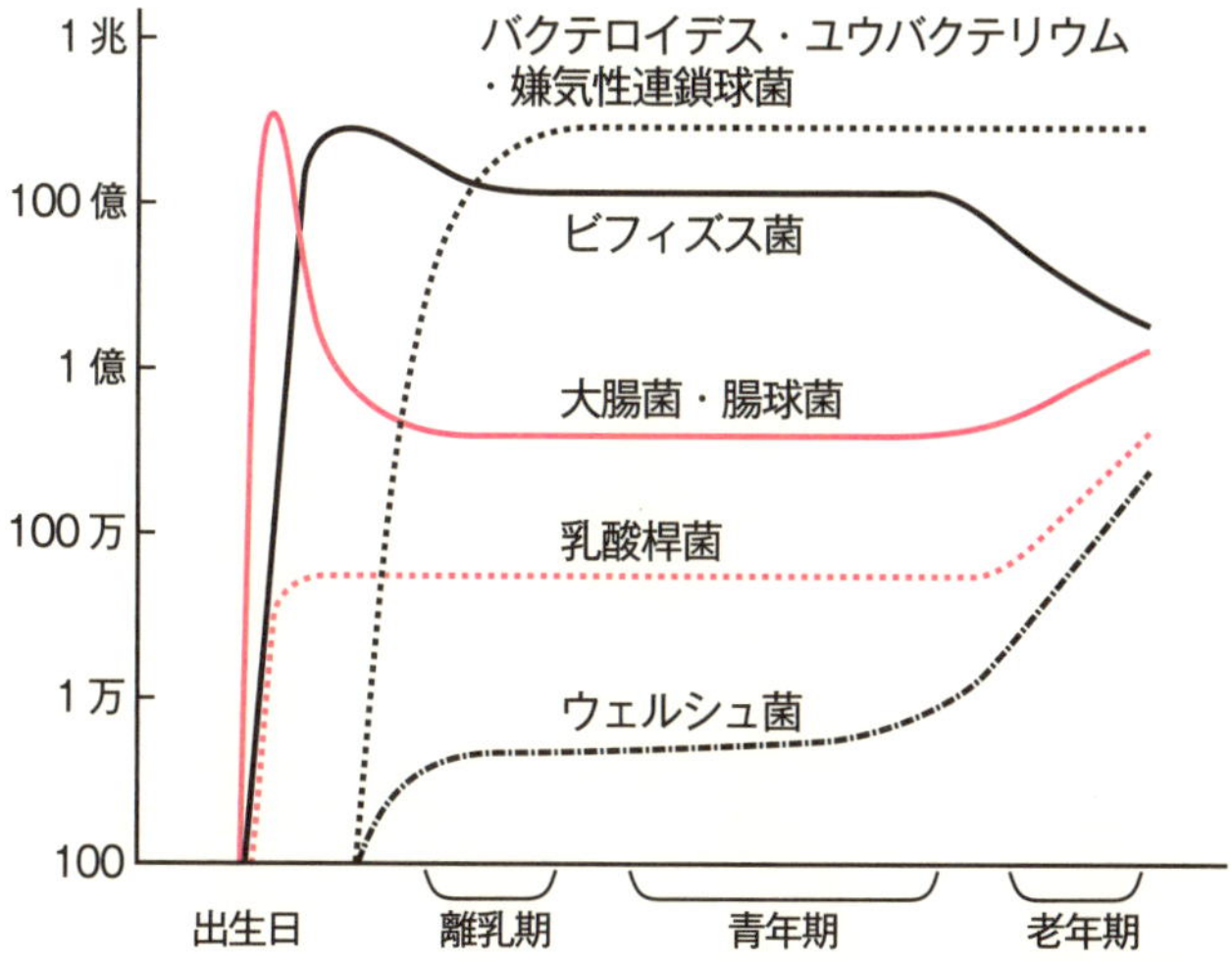

出典：光岡知足，1973

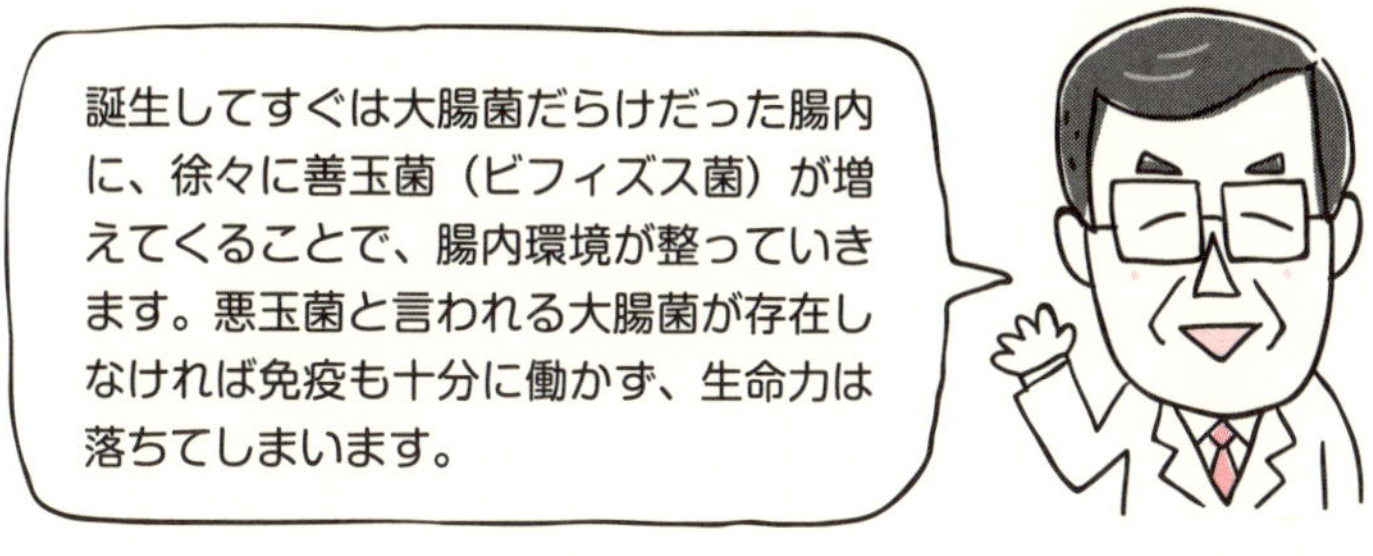

まわりが真面目な優等生ばかりでは、息苦しくなり、人生も楽しくありませんが、清潔ばかり求める人は、自分のお腹に同じことをやっているのです。

生まれてすぐに大腸菌が増えるのは、培養できる菌の中でこれが目立っているからで、実際にはどんな働きをするかもわからない無数の日和見菌が一斉に増加していきます。これらの菌との共生がスタートすることで、免疫という体を守る仕組みも作られ、人生が始まるといっても過言ではないのです。

腸壁を守るガードマン

いずれにしても、腸内の菌が増えることはその個体の生存にきわめて大事なことです。なぜかと言うと、**腸内細菌が腸壁をガードする膜の役割を担っている**からです。菌を増やして、免疫をつけなければこうした膜がきちんとできず、様々な異物を取り込み、消化していく過程で腸壁にたくさんの穴が空いてしまいます。これは「リーキーガット症候群」と呼ばれ、最近、特に注目されるようになりました。

リーキーガット（Leaky Gut）は、小腸（Gut）の粘膜に穴が空き、様々な異物（菌・ウイルス・たんぱく質）が血液中にあふれ出る（Leak ＝リークする、漏れる）ことを意味し、食物アレルギーのほかにもアトピーや感染症のリスクが高まるほか、自己免疫疾患、ＩＢＳ（過敏性腸症候群）などの発症につながっていくことも懸念されます。

図 1-11 ◎恐ろしいリーキーガット症候群

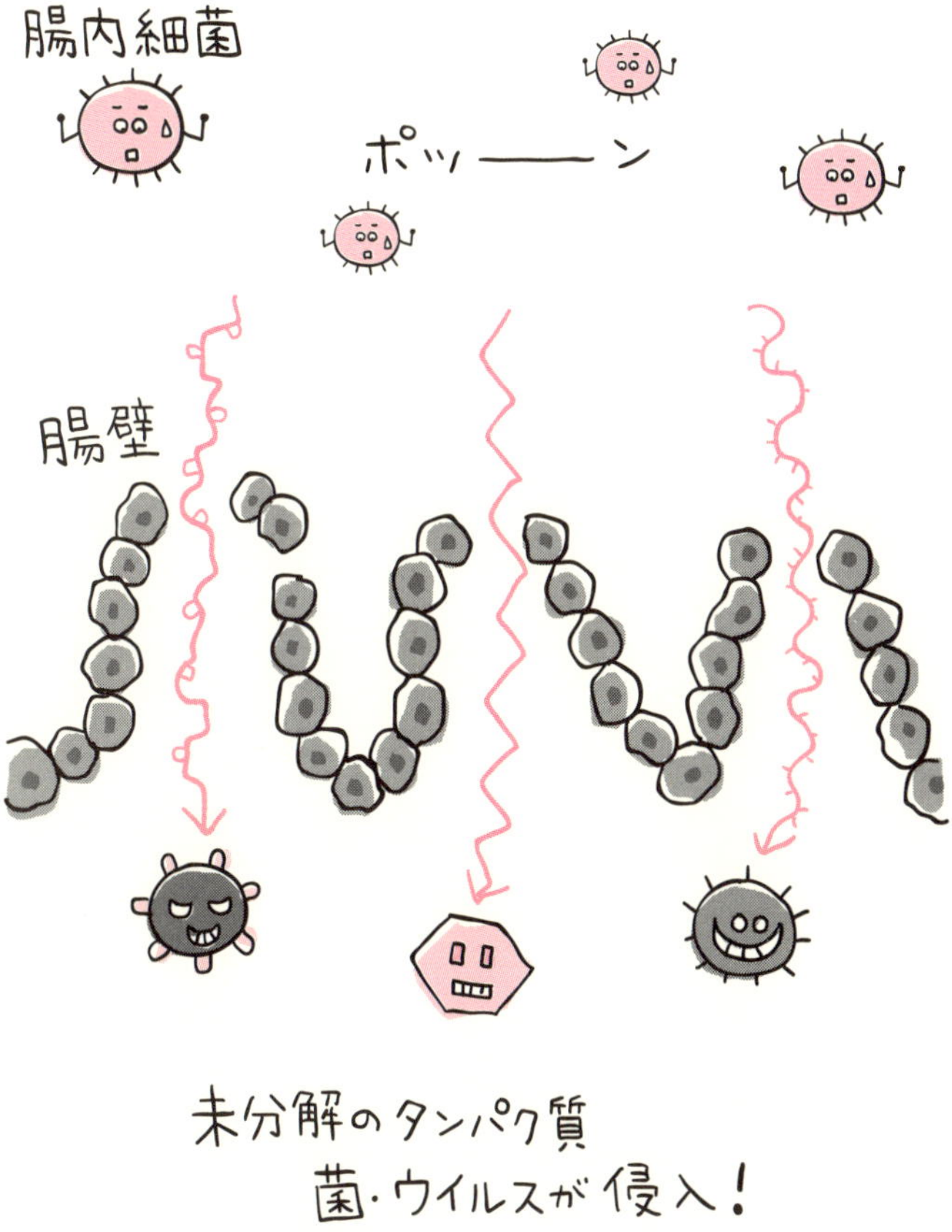

腸内細菌の数が少ないと腸壁をしっかりガードできないため、食べ物の栄養を取り込む過程でたくさんの穴が空き、異物が血液中にあふれ出てしまう。この「リーキーガット」が、アレルギーや感染症、自己免疫疾患の原因になると考えられている。

一昔前ならば、無菌のほうが清潔で、健康のためにいいと思われていましたが、これでは腸壁の膜ができず、免疫もつきません。そのため、食物アレルギーに関して言えば、牛乳を飲むと、本来は消化してからでないと吸収できないはずの高タンパクが高分子のままで穴から入ってしまい、腸のマクロファージが反応することでＩｇＥ抗体ができてしまう。あるいは、小麦を食べたら小麦のタンパクのＩｇＥ抗体ができてしまう。子供の頃に菌とふれあう機会が少なければ少ないほど、アレルギーにかかりやすくなってしまうのです。

抗菌の部屋に入れて、ハイハイしても手袋させて、バイ菌を口に入れない。「汚いからダメよ」とやっていると、菌に対処する免疫システムが狂い、しまいには腸に穴が空いてしまうのです。生きる知恵でもあった共生の発想が失われたために、体に不具合が生じるようになった恐ろしい一例と言えるかもしれません。

日和見菌こそ共生のカギ

先ほど私は、腸内細菌を遺伝子検査で調べることで、私たちが桁外れの数の異物と暮らしていることが明らかになってきたと述べました。

この事実だけでも驚きですが、そうした研究の過程で、**生まれて1年で腸内細菌のパターンは決まってしまうというものすごい事実もわかってきました**(注4)。たとえば道にウンチがあったら、それが誰のウンチかわかるくらいに研究が進んでいるのです。

ベースになるのはパターンですから、指紋と同じようなイメージで捉えればいいでしょう。1年間、お母さんに育てられると、お母さんの中の常在菌が赤ちゃんに影響し、一生のパターンが決まってしまう。「三つ子の魂百までも」と言いますが、もっと早い時期にその人の体質や性格などの土台ができてしまうのです。

もちろん、それはその人特有の腸内細菌叢《そう》が決まってくるということであって、菌の増減はその後の生活でコントロールできます。そうでなければ、ヨーグルトを飲んだらなぜ調子がよくなるのか説明がつかないでしょう。

ちなみに、腸のカギを握っている善玉菌は乳酸菌やビフィズス菌の仲間になりますが、腸内細菌の数で比べたら、多い順からせいぜい90番とか100番くらいでしかありません。悪玉菌と呼ばれる大腸菌やウェルシュ菌はもっと下のほうです。

大部分の日和見菌は、土壌菌などと一緒でどこにでもある菌なのですが、腸内にちょっと善玉菌が増えると、その日和見菌がわっと加担して体の状態がよくなります。また、悪玉菌がちょっと増えると、今度はこっちに加担して悪くなります。このように、あたかも国会での少数政党のポジションのような、小さな勢力であっても事実上の決定権を握っているようなふるまいをするところがあると言われています。

まさに日和見な菌であるわけで、何兆個という菌の集団の中ではこの日和見菌が大事だということが見えてきます。共生すると言うことは、実質的にはこの日和見菌との共生を意味することになりますから、土壌に存在しているようなわけのわからない雑菌であっても、きたないと言って遠ざけるとそのバランスが崩れてしまいます。善玉、悪玉というよりも、菌そのものを遠ざける生き方に問題があるとも言えるでしょう。

共生を断ったことでたくさんの病気が生じたと言いましたが、免疫システムにも影響が出る以上、その中にはガンのような病気も含まれてきます。つまり、異物との共生がちゃんとできていれば、ガンを抑える免疫もしっかり働くため、当然、ガンも発症しにくくなります。免疫はすべて共生によって成り立っているので、細胞がガン化しても初期の段階で楽にやっつけることができるのです。

いま、ガンはもちろん、アトピー、うつ病などの「治せない病気」が増えているのは、生命に対する根本の考え方に問題があるからです。新しい治療法を見つけるとか言う以前に、その根本の部分を見直していかなければ有効な対処はできないということでしょう。

こうした近代になって増えた病気の患者さんが、この10年ほどでさらに倍以上に増えている現実があるわけです。これはもう、「共生についてもっと知りなさい」というサインのようなものだと思うのです。

年をとったらミトコンドリア

異物との共生については、生まれた頃が一つのポイントですが、年とともに依存が増していくという点も無視はできません。

そのカギを握っているのは、冒頭で取り上げたミトコンドリアです。私たちの細胞の内部では、「解糖エンジン」と「ミトコンドリアエンジン」という2つのエネルギー生成器官が働いていると述べてきましたが、この二つのエンジンは年齢によって使い分けなければなりません。私くらいの年齢（2014年で75歳）になると、共生によって生み出されたミトコンドリアエンジンを優位に働かせるほうが良いのです。

理由はカンタンで、解糖エンジンは主として子作りのために必要とされるエンジンだからです。私はもう子作りを希望していないので、使う必要はないのです。機能は残っていますから、まったく使えないということはないのですが、若い時のようにガンガン使おうとすると代謝がうまくいかなくなり、いわゆるメタボや肥満の温床になります。

解糖エンジンは、その言葉通り、糖を分解してエネルギーを作り出す器官ですから、原料になる糖（炭水化物）の摂取を減らしていくと、否が応でも使わずに済みます。私が「50歳からは炭水化物をやめましょう」と言っているのはそのためです。

では、なぜ解糖エンジンが子作りのために必要なのかというと、細胞分裂をうながすのに必要なエンジンだからです。細胞分裂が必要でなくなる……それは生物の体の仕組みと重ね合わせるならば、生殖しなくなるということです。同時にそれは死を意味するのです。

実際、鮭も産卵したら死んでしまいますし、ヒトと遺伝子的に近いチンパンジーも生殖が終わっ

図 1-12 ◎解糖エンジンとミトコンドリアエンジン

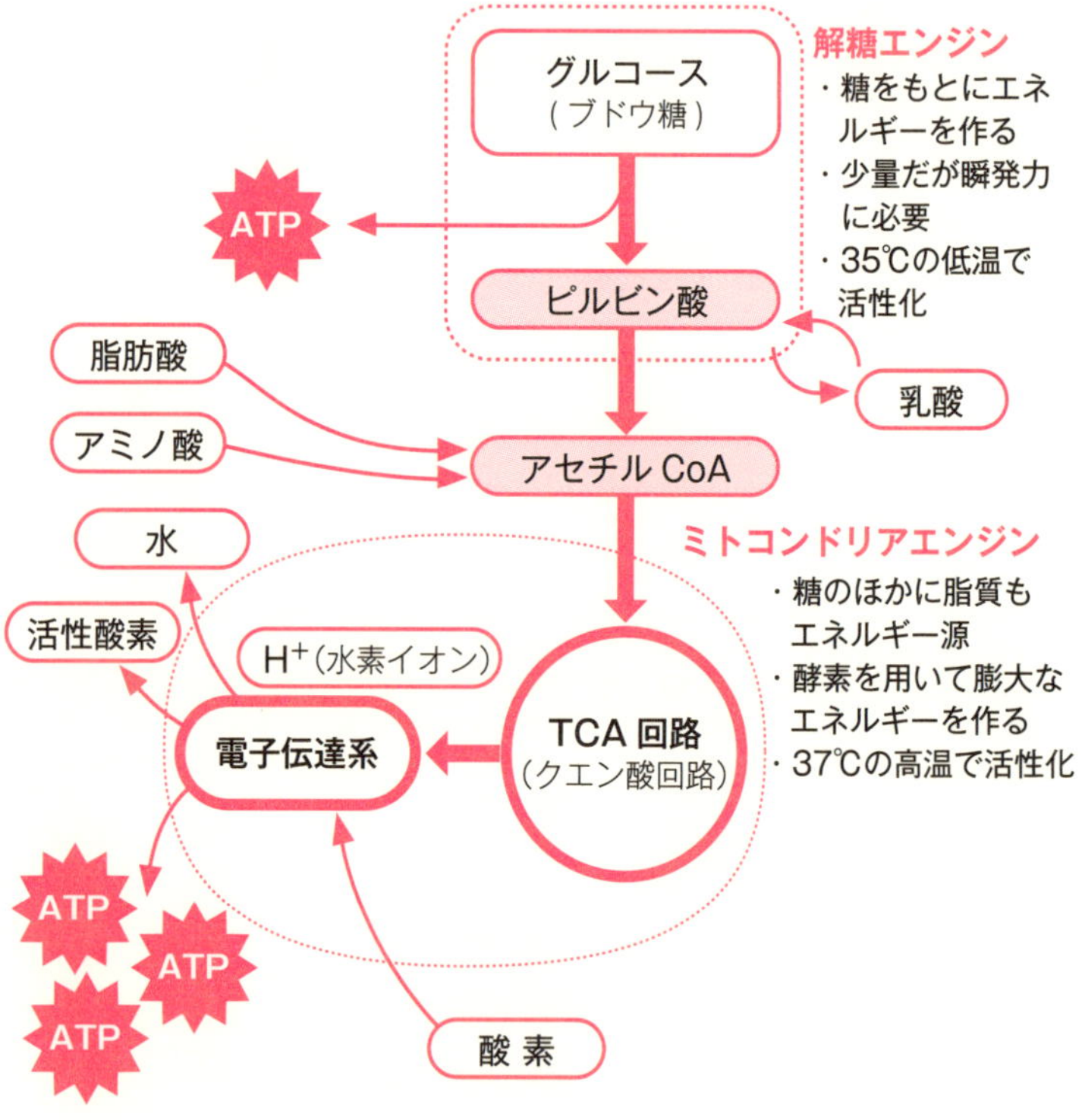

「解糖エンジン」は子作りに必要とされるエンジン。中高年期に糖（炭水化物）を摂りすぎると、膨大なエネルギーが生み出せる「ミトコンドリアエンジン」が十分に活用できず、病気と短命につながりやすくなる。

たら死んでしまいます。文字通り、性の終わりは生の終わりであり、解糖エンジンもそこでお役御免になるわけですが、ヒトの場合、生殖が終わっても倍くらい長生きをするため、生きていくためにはもう一つのミトコンドリアエンジンをフルに使っていくしかありません。要するに、それが長寿の道なのです。

不要になった解糖エンジンに頼って、ガツガツと炭水化物を食べているとミトコンドリアエンジンが活用できず、病気に悩まされ、短命に終わってしまいます。ミトコンドリアは必要以上に炭水化物を摂らなくても、脂質と酸素があればエネルギーが作れますから、ミトコンドリア仕様に食事を変えることが健康長寿につながるのです。

この点については、後の章でもう少し考えてみたいと思いますが、ミトコンドリアはもともと脂肪でエネルギーを作るシステムだったのでしょう。糖もエネルギー源にできますが、600～700万年と言われる人類の歴史の中で糖を過剰に摂るようになったのは、農耕が始まって以降のたった1万年ほどに過ぎません。

そのほとんどの時代、タンパク質や脂肪をエネルギー源にしていたわけですから、糖はミトコンドリアを動かす原料に適していないのです。

もっとも、腸内細菌について見た場合、年とともに悪玉菌の割合がどうしても増えてきますが、こちらはタンパク質をエサにするため、摂りすぎると腸内腐敗が進みやすく、これも寿命に影響します。ミトコンドリアも腸内細菌も、生きるために食べ物が必要ですから、「何をどのくらい食べるか？」ということが、よりよい共生を実現させていくカギとなっていくのです。

共生を成り立たせる掟とは

どうでしょうか？　共生と言っても杓子定規なものではなく、私たちの思考回路ではとらえきれない多様性、複雑さがあることが見えてきたでしょう。

共に生きるというと、何か美しい響きが感じられるかもしれませんが、生き物の根本は生き延びるということに他なりませんから、そんな綺麗ごとばかりとは言えません。共生イコール、すべての生き物と仲良く暮らすことといった牧歌的なものではなく、いいことも悪いことも、どちらとも言えないことも、すべてが混ざり合って関係を結んでいるたくましい姿が、共生の本質とも言えるはずなのです。

この章の最後に、私の専門である寄生虫の話を例に挙げながら、こうした共生の本質についてイメージを膨らませてみましょう。

たとえば、読者の皆さんのなかには、腸内細菌との共生はわかるとしても、寄生虫のような大きな生き物が腸に棲んでいるのはいささか気持ちが悪い、そんな生き物と共生する必要なんてあるのか、と思う人もいるでしょう。

もちろん、寄生虫と言ってもすべての寄生虫が共生に向いているわけではありません。わかりやすく言えば、ヒトのお腹の中で子どもを産む寄生虫は、だいたいにおいてヒトにいいことをしています。ヒトの寄生虫はヒトの体の中でないと子どもを産めないから、宿主であるヒトを大事にしているのです。

ところが、他の動物の寄生虫は、ヒトの体に入ってくると子供を作れませんから、こうした共生が成り立ちません。だから、結果として悪さをしてしまうのです。これは微生物の世界でもまったく同じことが言えます。

たとえば、SARSウイルスはヒトにとってとても怖いウイルスですが、彼らも自分の子孫をこの世に残さなくてはなりませんから、センザンコウとかハクビシンのように仲良くしている種もあるのです。SARSウイルスはこうした動物と共生して、宿主を殺すことなく子孫を残しています。だから害はまったくなく、むしろ互いに助け合っているわけですが、ヒトにやってくると高熱や肺炎などを起こし、たくさんの死者を出してしまう。

同様に、エボラ出血熱ウイルスもヒトにとってはとても怖いウイルスですが、これはアフリカのジャングルに棲むオオコウモリを宿主にして子孫を残していますから、このオオコウモリにとっては無害で、大事にされています。

あるいは、北海道でエキノコックスという怖いサナダムシが問題になっていますが、これはキタキツネに寄生するサナダムシで、キタキツネとは上手に共生しているのですが、これもヒトに入ってくると怖い目に遭います。肝臓に寄生するので、肝機能などがやられて重篤な症状を引き起こすことになるのです。

では、どうしたらいいかというと、やはり棲み分けをきちっとしないといけないということです。大前提として、キタキツネが棲んでいるところとヒトの棲んでいるところをきちんと分けなければ、寄生虫たちが本来とは違う生き物に寄生しやすくなります。他の生き物の場合にも言えますが、そうやってトラブルが生じるのです。

繰り返しますが、**共生といっても、異物がすべていいとか、役に立っているとか、そういう綺麗ごとを言っているわけではありません。共生とはもっとシビアな生物界の掟のようなもので、要はパートナーを組んだ相手のことは大事にするというのが基本です。**そうした関係性をちゃんとわきまえて、自然の摂理に従って暮らしていれば問題ないのに、何かが間違って契約してない異物を住まわせてしまうと大きな病気になるのです。

本来寄生していなかった寄生虫だけを取り出して、病気の話をしたら、寄生虫は恐いということになりますが、むやみに害をもたらしているわけではないのです。私はそれを証明する意味も含めて、サナダムシをお腹の中で15年飼って、自分の体の状態などを観察したり、共生関係について体を張って調べてみたのです。

何でもいいから取り入れるというのは共生ではなく、生き物どうしが助け合える関係をつくって共に生きるというのが共生です。お互いにメリットがある。だから、一緒に暮らしているというシンプルな事実をまず知らなくてはなりません。私たちの祖先はそうした生きる知恵を大事にしながら、文字通り、自然とうまく共生してきたのです。

COLUMN

「共生」のスタイルもいろいろあれど……

「共生」は英語で「symbiosis」（シンバイオシス）と言います。文字通り、「共に（シン）生きる（バイオシス）」という意味ですが、私はこの言葉には2つの意味合いが含まれていると考えています。

一つは、異種の個体が「一緒に棲む」ということ。これは、生物どうしの近接度とか、結びつきの強さに関係してきます。

もう一つは、個体どうしの関係性、すなわち「利益を及ぼすのか、損害を及ぼすのか」。こちらは関係性の質に関わってくるでしょう。

つまり、複数の生き物がどれくらい近くに棲んでいて、どのような結びつきがあれば共生と呼べるのか？　地球の生態系といったスケールでも、それは見出せると思いますが、この本ではこうした広義の共生には深入りせず、生物どうしの結びつきに焦点を当ててきました。そこでまずクローズアップされるのが、「外部共生」と「内部共生」です。

外部共生は、ヤドカリとイソギンチャクのような、異種の個体が体表面で接着している状態を指します。内部共生は、ある個体がある個体の体内に棲むようになった状態を指しますから、こうした外部共生よりもさらに結びつきが強いことがわかるでしょう。

この本で扱ってきたのも、主にこの「内部

共生」であったわけですが、こちらはさらに「消化管内共生」と「細胞内共生」に分けられます。お気づきのように、ヒトと腸内細菌、あるいは寄生虫との関係は前者に該当します。もちろん、こうした共生は他の多くの生物にも見られるもので、たとえばシロアリは木材を食べますが、これを分解する酵素を持たないため、消化管に寄生するトリコニンファと呼ばれる原虫が代わりに消化をしてくれています。

後者の「細胞内共生」については、細胞内に住み着いて、一器官として活動するようになったミトコンドリアがその代表でしょう。植物の葉緑体にしても、ミトコンドリアと同様、もとはシアノバクテリアが共生したものと考えられています。細胞内共生になると、生物どうしの結びつきはさらに深くなり、個体間の壁はほとんどなくなってしまいます。

なお、こうした共生のほかに、ユニークな「掃除共生」と呼ばれるものもあります。こちらは小魚を食べるクエなどの大きな魚と、この魚の体表や口のえらの中についた寄生虫をせっせと食べるホンソメワケベラという小さな魚の関係がよく知られています。

ホンソメワケベラが掃除をするのは、そうやってエサにありつくことが目的ですが、クエなどの大きな魚は口の中に入っても食べたりはしません。共生のスタイルもいろいろあれど、どれも「持ちつ持たれつの関係」にあることが改めて確認できるでしょう。

第2章……共生思想を生んだ「カイチュウ」との出会い

寄生虫との意外な出会い

「共生とは何か?」ということについて、前章では生物の歴史から考えてきましたが、私個人が深く認識するようになったのは、研究生活のベースになっている寄生虫との関わりがとても大きかったと思います。

私は寄生虫について研究することで、この世界が共生によって成り立っていることを深く実感するようになりました。この章では、「共生」という視点を交えながら、過去の研究生活を振り返ってみることにしましょう。

まず、「皆が嫌がるような寄生虫の研究をなぜ始めたのか?」ということですが、いまから50年ほど前、大学病院のトイレで熱帯病の調査団の団長である加納六郎先生と会ったことが原因です。

当時私は、大学を出て整形外科のインターンをしていたのですが、学生時代から柔道をやっていたこともあり、「柔道部から熱帯病の調査団の荷物持ちを探してくれ」と言われたのです。

後日、ちょうど手術中に「あさって出発するけど、荷物持ちは探したか?」と電話がかかってきたのですが、言われていたことをすっかり忘れていたため、カンカンに怒った先生は、結局、「お前が荷物持ちをしろ」と私に命じたのです。荷物持ちは2人必要だったので、もう一人、柔道部出身の整形外科の友人を連れ出し、奄美大島へフィラリアの調査に同行する羽目になりました。

フィラリアは糸状虫類に属する線虫の総称で、鼠蹊部《そけいぶ》のリンパ節に寄生することでリンパの流れを閉塞し、感染した人は足が象のように腫れ、陰嚢《いんのう》が大きな球のように膨らんでしまう恐ろし

図 2-1 ◎フィラリア病とは

陰嚢や脚が大きく腫れ上がる「陰嚢水腫」や「象皮病」を引き 起こすフィラリア病。アカイエカによってフィラリアが伝染することで発症する。1962 年の調査では鹿児島県民のじつに 6% が感染していたといわれ、古くは西郷隆盛も陰嚢水腫に悩まされたという（画は葛飾北斎「北斎漫画」第 12 編より）。

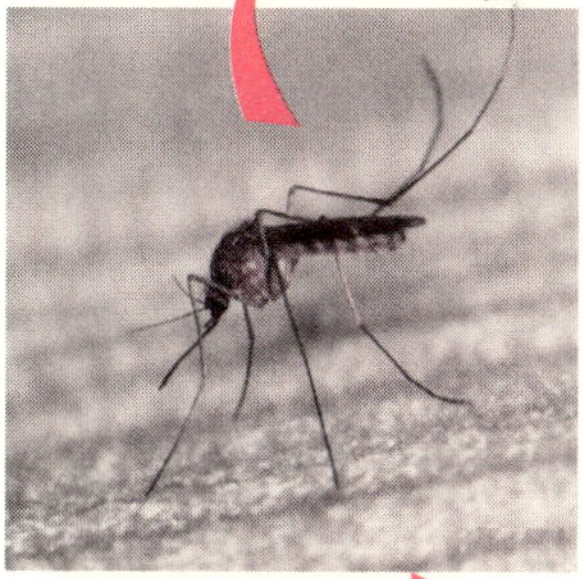

アカイエカ

フィラリア

い感染症を引き起こすことで知られていました。

このフィラリア病の調査に連れて行かれたことが私と寄生虫の縁を取り持ち、私の人生を決めてしまうきっかけになったのですが、当時の私は知る由もありません。フィラリアはアカイエカという蚊が媒介になりますから、幼虫であるボウフラを拾って、いつになったら親虫になって、卵をいくつ産むのかというようなことを調べたり、地元の銭湯へ行って、陰嚢の大きい人を見つけては病気の有無を調べたりしました。こんないろいろなことをやっていくうちに、加納先生に「おまえは不器用だから整形外科医には向かない。この研究がうってつけだ」などと言われて、だんだん気持ちが傾いていったのです。

ちなみに、同行したもう一人は、東京の開成高校出身のすごく優秀な奴だったので、その言葉には騙されずにちゃんと整形外科の医者になり、いまでも立派に活躍しています。私の場合、もともと三重県のど田舎で虫と遊んで育ったこともあり、「こういうのもいいかな」と思って続けていったのが、ウンの尽きだったのです。

日本からフィラリアを一掃

当時は、寄生虫は体に害をなすものだからとにかく駆除しよう、という考えが大勢を占めていました。私もまったく疑っていませんでしたから、フィラリアについても政府の指導下、一刻も早く撲滅することを目的に様々な対策に従事しました。

時は、日本が高度経済成長に向かう1960年代後半のこと。都市部では下水道が完備されはじめ、ドブ川が減り、フィラリア病の媒介となる蚊の発生源が減少していたため、罹患者そのものはかなり減ってきてはいました。ただ、当時の奄美大島や沖縄などはこうした経済成長から取り残されていましたから、まだまだこの病気に苦しむ人は多く、私はこれらの地域にほとんど常駐する形で撲滅運動に没頭したのです。

ジエチルカルバマジンという特効薬を住民に投与したり、蚊の発生源を調べて除去したり、殺虫剤で有名なDDTを各家庭に散布したりして、いま考えるとかなり無茶なことをやった気がします。ともあれ、こうした努力の甲斐もあって感染者は大幅に減少していき、私がフィラリア病の研究に携わってわずか10年ほどで、1970年代後半には日本からこの病気が完全に姿を消してしまったのです。

これはフィラリア病に限った話ではありません。日本にはもう一つ、住血吸虫という怖い寄生虫がいて、山梨や九州の久留米あたりで風土病を起こしていましたが、これも同じように駆除されていきました。日本のインフラが整い、清潔になっていくなかで、寄生虫病、風土病が日本からなくなっていったのです。

病気がなくなってめでたしめでたし……と言いたいところでしたが、病気がなくなったら研究者も当然お払い箱です。国からお金が出なくなり、研究が続けられなくなったため、関わっていた医者はみんなリストラされ、ほとんどが内科や皮膚科に転向していきましたが、不器用だった私はそれができず、悩みました。

「この先どうやって食っていこうか?」とあれこれ考えた末、これまでの経験が活かせる熱帯病についての研究をすることにしたのです。

ウンチがプカプカ浮かぶ川

当時、インドネシアのカリマンタン島ではラワン材が採れ、これを日本に輸出すると何十億と儲かったため、三井物産、三菱商事、住友林業、ヤマハ楽器などの木材を必要とする会社が現地のジャングルになだれ込んでいました。

ただ、そこにはアメーバ赤痢やマラリア、腸チフスなどの熱帯病が蔓延し、多くの人が亡くなっていました。そこで私が「熱帯病のことがわかる日本で唯一の医者です」と売り込んだところ、三井物産に1年間、雇ってもらえることになりました。

最初は現地に赴くつもりはなく、東京に運び込まれた患者さんを東京で診るつもりでいたのですが、そんな楽な話があるわけもなく、カリマンタン島の鍵もついていない川べりの小汚い診療所での住み込み生活がスタートしました。

交通手段が船しかなかったため川べりの社宅があてがわれたのですが、トイレが川の上にあり、そこから落ちたウンチを川の魚が奪い合って食べるようなところです。そんなウンチがぷかぷか浮かんでいるような川で、女性が洗濯をしたり、子供が遊んでいたりするのです。私が入るお風呂も当然、この川の水を使っていました。

「とんでもないところに来てしまった」と思いながらも、現地職員がどうやったら病気にならないか、というようなことを調査していたのですが、子供たちはそんなことはお構いなしに、ウンチが流れている川で平気で遊んでいるわけです。

最初は「君たち、こんな汚いところで遊ぶと病気になるよ」と心配していたのですが、そんな気配がまったくありませんでした。

それどころか、その後50年にわたって通い、成長していく姿を見ていても、日本の子供たちよりずっと元気なのです。前章でも触れたように、日本では1960年代半ばに花粉症の第一例が出てきて、その後、アトピーや喘息とともに増加していきますが、彼らにはいっさいそういう病気が見られませんでした。

こうしたギャップに当初はとても驚きましたが、自分が小さい時も回虫にかかっていたことをふと思い出しました。回虫は線虫類の仲間で、体長はヒトの回虫で30センチほど、小腸に寄生して宿主の栄養を横取りすることで生きています。かつてはカイチュウというと、ほとんどの人がピンと来たものですが、下水道が整備され、ウンチを肥料に使わなくなることで、日本ではほとんどお目にかからなくなりました。

そう言えば、インドネシアに駐在する商社マンの奥さんの便を調べたところ、たくさんの回虫の卵が見つかったため、駆虫剤を飲んでもらいました。すると翌朝、ご主人から「妻がトイレで卒倒した」という電話が入りました。

あわてて現場にかけつけると、20代後半のきれいな女性がお尻を丸出しにし、何かを握ったままブルブルと震えていました。彼女は自分のお尻から出てきたヒモのような生き物にビックリして、腰を抜かしてしまったのです。

後述しますが、長さ30センチほどの回虫に驚くようでは、まだまだ寄生虫のすごさを知りません。私がお腹に飼っていたサナダムシ（こちらは条虫の仲間）などは、お腹の中で最終的に10メートルほどにも成長するのです。

清潔さがアレルギーを生む？

話が逸れてしまいましたが、私が駐在していたインドネシアのカリマンタン島では、川にぷかぷかウンチが流れているような衛生状態の悪いところですから、現地で暮らす人が回虫にかかるのも決して珍しいことではありません。

おそらく、全員が回虫にかかっているはずなのに、大人も子供もとても元気で、アレルギーも花粉症も喘息もまったくかかっていませんでした。

コレラや赤痢で重症化する人もいなかったのです。調べてみると、コレラや赤痢についてはジャカルタのような都市部のほうが感染率が高いことがわかりました。

私の子どもの頃の日本も同様です。下水道も完備されていない、手洗いもうがいもしない、泥

図2-2◎回虫とサナダムシ

回虫

線虫類の一種。小腸に寄生して宿主の栄養を拝借することで生きている。体長はヒトの回虫で30センチほど。

サナダムシ

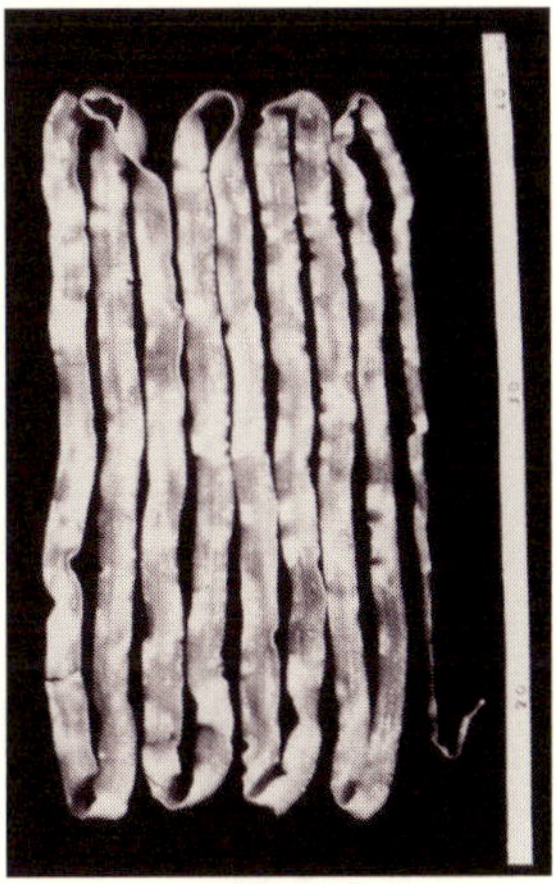

条虫の一種。中間宿主を持ち、複数の宿主を乗り換えながら成長する。ヒトの腸内では10メートルほどにも成長する。

お腹に共生する寄生虫の代表と言えば、やはり回虫とサナダムシでしょう。見た目はちょっと怖いですが、私たちの健康を助けてくれていた大事なパートナーでもありました。

まみれの不衛生な生活が当たり前でしたが、アレルギーにかかるような人は皆無でした。程度の差はあれ、カリマンタン島と同じだったのです。

いまではスギ花粉というと、アレルギーの原因としてすっかり嫌われていますが、当時はスギの実をせっせと取ってスギ鉄砲で遊んでいました。私の場合、女の子にモテようと思って、スギの花粉をいっぱい袋に取ってきて、女の子の髪にかけて金髪にして遊んでいたほどですが、誰も花粉症にはなっていなかったのです。

インドネシアでの経験と子供の頃の記憶が結びつくことで、私は「もしかしたら回虫がアレルギーを抑えているのではないか?」と思うようになりました。

それまでは寄生虫はみんな悪者で、私たちの健康を蝕む最悪の生き物だと思われていましたし、私自身、日本からフィラリアや住血吸虫をなくそうと必死に努力してきたわけですから、これはもうまったく正反対の発想です。

そもそも、キレイなことが本当にいいことなのか? 清潔になることは心の豊かさや健康とどこまでつながっているのか?

彼らの生活に触れていくうちに、それ自体もよくわからなくなりました。なにしろ、不潔な生活をしているはずの彼らのほうが明らかに元気で、心も明るいのですから、文字通り、カルチャーショックを受けてしまったのです。

図 2-3 ◎寄生虫の感染率の推移

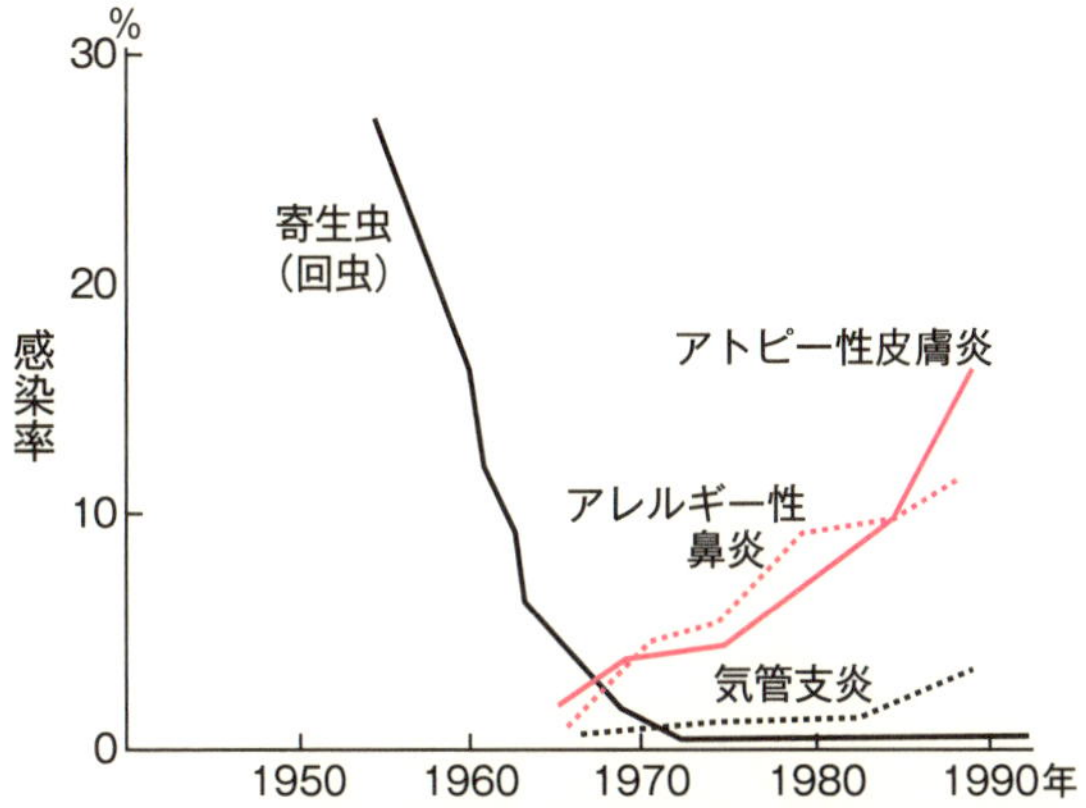

出典：藤田紘一郎（1999）『清潔はビョーキだ』（朝日新聞社）

寄生虫（回虫）の感染率は、日本では 1950 年頃まででではずっと 70% を推移していたが、ほとんど病気にならず、アレルギーとも無縁だった。

アレルギーを抑える物質を発見

回虫を含めた寄生虫の感染率を見ていくと、日本では戦後の１９５０年頃までずっと70％を推移していました。おそらく縄文時代の頃からこの割合で推移していたでしょう。

つまり、多くの人が回虫にかかっていたはずなのに、その種の病気にはほとんどならず、アレルギーなどとも無縁だったのです。むしろ、回虫がいなくなることで病気が増えている現実が見えてくるでしょう。

「寄生虫は、じつはいいことをしているのではないか？」——そんな仮説を証明するため、フィラリアを材料にその因果関係を探る研究をはじめました。

当時、私はインドネシアから日本に戻り、順天堂大学の助教授をしていたのですが、この大学の心臓疾患が専門の先生が犬の心臓を使って実験していたことを知り、その犬に住み着いていた虫（犬フィラリア）だけをもらって、「どういう物質がアレルギーを抑えのるか？」と、原因物質を取り出す研究を続けました。

といっても、当時は寄生虫にアレルギーを抑える物質があるなんて誰も思っていませんから、上司だった教授も「やったってムダだ。馬鹿みたいなことはやめろ」と、研究をいっさい認めてくれませんでした。

しかたなく私は、教授が家に帰ってから実験をはじめました。一人で夜中にこの虫を洗ってハサミで切り、すりこぎでつぶして分析をするということを延々と続けていたわけです。その後、金沢医科大学、長崎大学と所属する大学が変わりながらも研究を続け、１９８１年、足かけ5年でようやく、寄生虫の分泌排泄液にある分子量２万のタンパク質がアレルギーを抑えていることを突き止めたのです（注5）。

また、この物質がどういうプロセスでアレルギーを抑えているかを調べていくなかで、前章でもお伝えした、免疫反応のマクロファージ、ヘルパーT細胞（Ｔｈ２）、Ｂ細胞とこのタンパク質との関わりもわかってきました。

花粉やダニ、ハウスダストが体内に入ってくると、マクロファージがそれを食べ、Ｔ細胞とＢ細胞との連携でアレルギーの原因となるＩｇＥ抗体を作ります。私が分離した分子量２万のタンパク質は、Ｔ細胞からＢ細胞に情報を伝えるＣＤ40という物質にくっつくことで、情報をブロックしてしまうのです。

だから、スギ花粉を吸うとＩｇＥ抗体ができて、アレルギーが生まれるのですが、お腹に回虫が棲んでいるとこれを防ぐことができるのです。

じつは私も花粉症に悩んでいた時期があったのですが、サナダムシをお腹に飼うようになってから症状が消えてしまいました。私のお腹の中に棲んでいたサナダムシの「キヨミちゃん」がウンチやおしっこをすると、その中の分子量２万のタンパク質が私のＣＤ40と結合し、アレルギーを抑えてくれたからです。

このキヨミちゃんにしても、異物であることに変わりありませんから、私のＢ細胞はキヨミちゃんを排除する抗体を作ろうとするわけですが、キヨミちゃんが分子量２万のタンパク質を排泄することで、これを防いでいました。だから、異物でありながら、キヨミちゃんはぬくぬくと私のお腹の中にいることができるのです。

寄生虫と暮らしてきた日本人

こうしたアレルギーを抑える働きは、フィラリアや回虫、サナダムシだけでなく、他の多くの寄生虫にも見られます。

もちろん、だからと言って安易に寄生させれば症状が抑えられるのかというと、そこまで話は単純ではありません。アレルギーを抑える効果が強い寄生虫は、しばしば悪さをすることもあるので、すすめられるのはせいぜいそこまで悪いことをしない回虫くらいです。サナダムシの場合、

図 2-4 ◎寄生虫がアレルギーを抑えるメカニズム

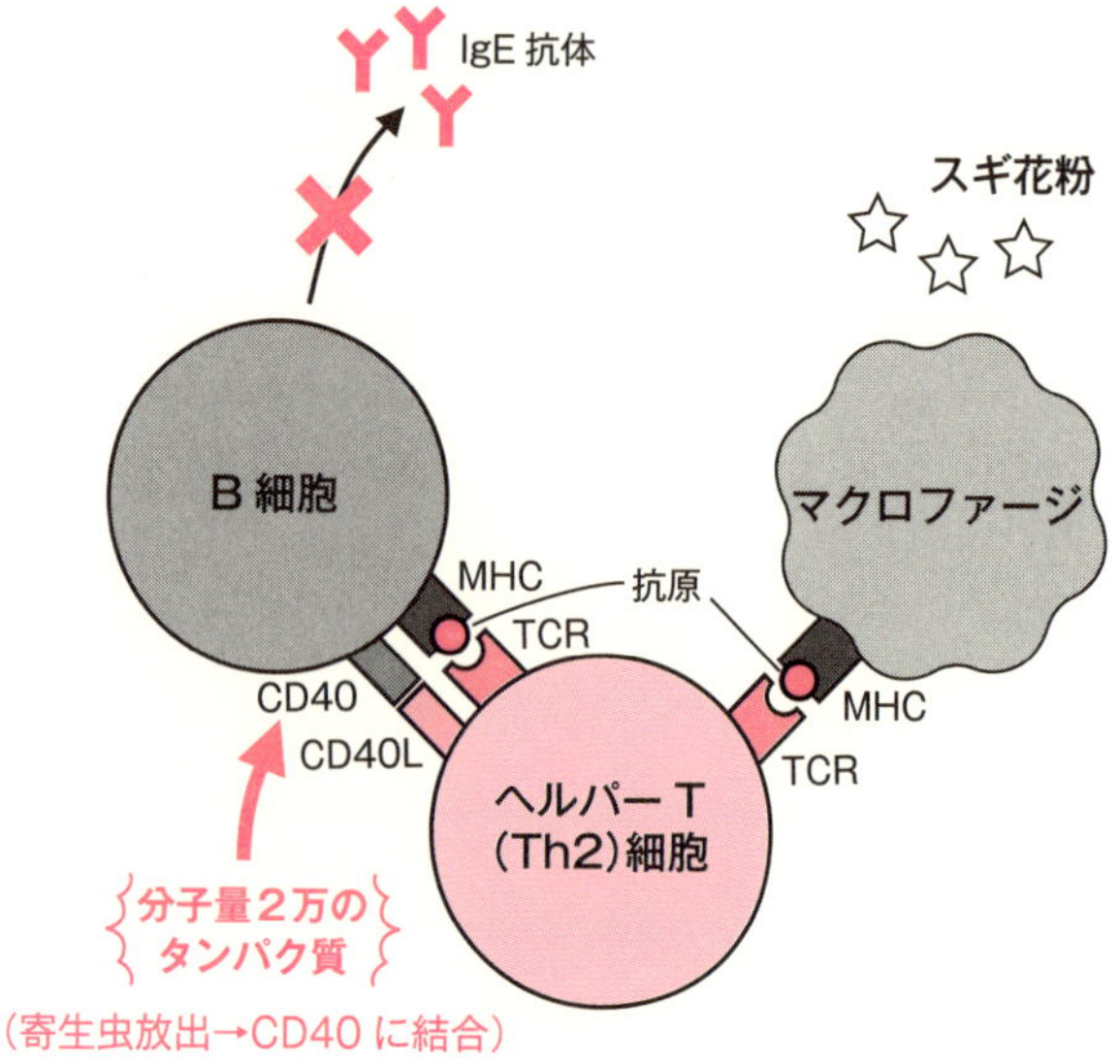

スギ花粉などの抗原が体内に侵入すると、マクロファージ→T細胞→B細胞の連携で IgE 抗体が作られ、アレルギーの原因になる。ところが、寄生虫が放出する分子量２万のタンパク質が CD40 という物質につくと、情報がブロックされるため、アレルギーが起こらなくなる。

ヒトに住み着いているものは悪さをしないので、私はずっと飼っていましたが、前述したように、患者さんに同じことをすると法律違反に問われてしまうので、おいそれとすすめられません。

いずれにせよ、もともと気持ち悪い虫だと思われていた寄生虫が、じつは体にいいこともしていると発表したわけですから、みな非常にびっくりしたのですが、考えてみたら、それは決して不思議なことではないでしょう。

なにしろ、縄文時代の頃からずっと、多くの日本人がお腹で回虫を飼ってきたのです。ただ悪いことをするだけの生き物だったら、共生そのものが成り立たなかったはずです。むしろ、アレルギーの発症を抑えるなど宿主のプラスになることもやっていたのに、いつの間にやら悪者にされてしまった。その背景には、明治時代になって、日本が先進国列強の仲間に入ろうとしたことが大きかったでしょう。

当時、日本ではまだコレラとか腸チフスが流行していましたが、そんな伝染病がある不潔な国は一流国家になれないという考え方が広まることで、「清潔国家を目指す」ことが国家的プロジェクトになっていったのです。このプロジェクトを推進させた活動の一つが、明治初期に開催された「衛生博覧会」で、東京、大阪、名古屋の主要都市で、菌や寄生虫がいかに危険か、公衆衛生の重要性を啓蒙して回ったようです。たとえば、サナダムシや回虫が瓶に入っていて「こんな虫を飼っていると脳がやられますよ。だから清潔にしましょう」といったことを、学校単位で子供たちに見学させて教えていたのです。

ウンチが高価だった時代

そうした国を挙げての啓蒙で寄生虫はどんどん悪者にされていったのですが、江戸時代まではお腹の中にいるのは仕方のないものだという考えが当たり前、しかもウンチを肥料にして田畑に蒔くということを日常的にやっていました。

ウンチを肥料に使うようになったのは、徳川家康が東海から関東に転封になり、40万もの兵を率いて、関東ローム層に大挙してやって来たことが大きかったでしょう。江戸時代に入るといわゆる鎖国政策が始まり、40万人分の食べ物をすべて自分たちの土地でまかなわなければならなくなったため、ウンチの利用がどうしても必要だったのです。

実際、当時はウンチがものすごい高値で売られていました。ウンチ問屋があって、ウンチを5等級に分けて、高い値段で売買されていたのです。

長屋にしても「お金がないなら家賃を払わなくてもいい。ウンチさえしてくれればいい」というくらいになっていましたから、貧乏人でも何とか生きていくことができました。生ゴミを再利用したり、きたないものを捨ててしまわずにフル活用していたので、江戸は世界で最もきれいな町だったのです。

同じ時代で100万都市といわれたのはフランスのパリですが、逆にパリはもうウンチだらけだったようです。2階からウンチが投げられるから、それをよけるためにパラソルが、ウンチを踏んではいけないからハイヒールが考え出されました。女性のスカートが落下傘みたいに膨らん

図 2-5 ◎ウンチが売買されていた江戸時代

江戸時代はウンチが肥料として利用されていたため、いくつかの等級に分け、高値で売られていた。ウンチに混じった回虫がどうしても体内に入ってくることから、寄生虫との共生は当たり前だった。

でいるのも、どこでもウンチをできるようにするためだったのです。それがいつの間にかおしゃれなファッションになっていったのです。

笑い話のようなエピソードですが、あのヴェルサイユ宮殿にもトイレがありませんでした。なぜかと言うと、あったらウンチだらけになってしまうから。

これではどうしようもないということで下水道が作られ、ヨーロッパやアメリカに広まっていったわけですが、それが高じて社会そのものが共生を排除する方向に進んでいったのは明らかに行き過ぎでしょう。

不衛生になりすぎたことでペストのような感染症が広まったという認識で近代医学が始まったこともあり、欧米では日本のようにウンチを肥料に使ったりすることは一切ありませんでした。汚いものだといって遠ざけ、ひたすら排除する道を選んだのです。

ちなみに、ウンチには虫が混じっていますから、日本では畑の横にはため池を作って、ちゃんと発酵させてから使うなど、共生を前提にした関わり方をしていました。

私が子供の頃もこうした肥だめがまだ残っていましたから、私なんか意地悪した奴を落とすことに一生懸命だったわけです。また、ウンチを肥料として使わざるを得ませんから、回虫の感染を予防するため、畑の横につくってある三角ワラへウンチをかけて、発酵熱で回虫の卵を殺していました。

それでも畑にまけば、残った回虫の卵が葉っぱのうえで二週間もするとふ化するため、生野菜は絶対に食べなかったのです。葉物もすべて加熱して、おひたしなどにして食べていました。いまにして思うと、これらはすべて共生の知恵だったように思います。

嫌だけどしょうがないもの

もちろん、そういうふうに気をつけても回虫は体に入ってきましたから、江戸時代の辞書を引くと、虫という項目があって、これは回虫のことを指しているのですが、「嫌だけどしょうがないものだ」と書いてあります。

日本語のなかに虫に関する言葉がいっぱいあるのもそれゆえでしょう。たとえば、「虫酸《むしず》が走る」とか「虫の知らせ」などがあります。これらは中国の道教の教えにある「三虫」に由来していると言いますが、じつは、皆、回虫のことなのです。「虫が好かない」というのは、「私はあなたのことが大好きなんだけど、お腹の虫が嫌ってる」と言っているわけです。責任転嫁しているみたいですが、共生している相手が喜んでくれなくてはうまくいくはずがないということを、昔の人は経験的に知っていたのでしょう。

あるいは、「浮気の虫」という言葉もありますが、これもものすごくいい表現です。なにしろ、「私は真面目なんだけど、お腹の虫についそそのかされちゃった」と言っているわけですから、これも立派な共生の思想です。

昔の日本は、汚いウンチや、そこに棲んでいる菌や虫、ノミやシラミなどもすべて受け入れ、どこかで仲間みたいに思っていました。また、「金魚のフン」「ネコババ（猫糞）」「ノミの心臓」「シラミつぶし」など、ことわざでもたくさん題材になっています。また、俳句でも小林一茶の「やれ打つな 蝿が手をすり 足をする」、松尾芭蕉の「蚤虱《のみしらみ》 馬の尿する 枕もと」など、私たちが気持ち悪いと感じるものがたくさん詠われています。

生きているものにはみな意味がある、存在価値がある、さらに言えば、自然界に不潔なものは存在しない、すべてに意味があるという発想が当たり前だったからでしょう。実際、それが事実なのです。

その汚いものと思われているものが存在していないと、私たちは健康に生きられないのですから、それを排除してしまうと共生は成り立たなくなります。

たとえば、公園で犬がウンチすると、そのにおいを嗅ぎ付けてハエが飛んでくるでしょう。ハエはウンチを分解する菌を運んできますから、ハエが飛んでこないとウンチが分解されないわけです。ハエが持ってきた菌やカビがウンチを分解します。それが土の中へ入って、植物が吸収して、実をつけて、その実を動物が食べて、子どもを産む――こうして見れば、生命の循環はじつはウンチから始まっていることがわかるはずです。

ヒトの体に入って悪さをする

そういうことを考えてみると、たしかにヒトの回虫は気持ち悪い虫ですが、彼らはヒトの体の

図 2-6 ◎「虫」にまつわる言葉

寄生虫と共生してきた日本には、虫にまつわる様々な言葉がある。生きているものにはみな意味がある、無用なものは存在しないととらえてきた証しと言える。

中でしか生きられませんから、宿主をとても大事にしています。もちろん、ほかの動物の場合も同じで、動物の回虫は動物の中でしか生きられないので、その動物を大事にします。それがヒトの体に入ってくると、怖いことになるのです。

これは、ウイルスにも言えます。こちらも子孫を増やす宿主がいないと、自分の種族が滅びてしまうので、その宿主を大事にします。前章でも触れたSARSウイルスは、センザンコウやハクビシンの中で宿主を傷つけることなく子孫を残しています。宿主は大事にするけれど、ヒトにやって来ると恐ろしいSARSになるのです。

こうした因果関係がわかってきたことで、生態系を崩すと大変なことになる、共生しているものを大事にしなくちゃいけない、ということが言われるようになりました。にもかかわらず、いまは先進国はほとんど寄生虫がいないような状態になっています。寄生虫も菌も悪いものだと一方的に排除していった結果、その良かった面も打ち消されてしまい、生態系のバランスもおかしくなってしまったのです。

これを戻していくのは容易ではありません。まずはきれい、きたないの概念を変えなくてはならないでしょう。あるいは、同じ寄生虫であっても、怖い寄生虫と怖くない大事な寄生虫がいるわけですから、一括りに排除しない発想も必要です。

たとえば、イスラム教では豚を食べることはタブーですが、これは豚の中に棲んでいる有鉤条《ゆうこう》虫というサナダムシが人の体に入ってくると非常に怖いからです。意外に思う人も多いかもしれませんが、イスラム教が豚をタブーにしたのは、イスラム教が普及した国や地域には、この有鉤条虫がいっぱいいたからです。面白いことに、虫の生息地域とイスラム教の普及したエリアは見事に重なっています。怖い寄生虫をもっているものはタブーにしちゃおう、ということにしたのです。

同様に、ヒンドゥー教がさかんだったインドでは、マラリアにかかる人が多くいました。マラリア蚊は人にも吸血しますが、本当は牛のほうが好きなのです。だから、牛がいると人はマラリアにかかりにくいだろうということで、ヒンドゥー教は牛を大事にしたのです。イスラム教は豚を避け、ヒンドゥー教は牛を受け入れました。

やっていることは逆のように映りますが、病気にかからないようにするという知恵の部分、発想はまったく一緒だったのです。その意味では、寄生虫は宗教にも深い関係があると言えるかもしれません。

サナダムシでやせられるか

ここで閑話休題、基礎知識として「寄生虫とは何ぞや」ということについても簡単に説明していきたいと思います。

人に病気を起こすものを見ていくと、まず牛海綿状脳症（ＢＳＥ）の原因になるプリオンというタンパク質の粒子があります。次に、ちょっと大きいのがウイルスです。じつはこのあたりはまだ粒子（物質）であって生き物ではありません。物質ですが、人の体に入ると生き物みたいにふるまって、時に悪さをするわけです。

ウイルスの次に大きいのが細菌です。悪さをするものはバイ菌と呼ばれますが、細菌は自ら代謝をして、エネルギーを生み出しますから、生き物に該当します。大きさで言うと、その次が原虫、ここまで来ると単細胞の動物と呼ばれる存在になります。これがさらに大きくなり、寄生虫になってくると、もはや完全な動物でしょう。

この寄生虫のなかでいちばん下等な存在が、条虫と呼ばれるサナダムシです。これは雌雄同体で、一つの体節の中にオスの性器とメスの性器を持っています。だから私は、自分のお腹に飼っているサナダムシに「キヨミちゃん」という、男でも女でもない名前をつけているのです。私のお腹にいたのは、日本海裂頭条虫というサナダムシですが、これは昔から人とうまく共生してきたことが知られています。

また、同じ形をしている寄生虫に、広節裂頭条虫と呼ばれるものもあります。昔は日本海裂頭条虫も広節裂頭条虫に入れられていたのですが、面白いことに、西洋人がこの広節裂頭条虫にかかるとすごくやせて、ダイエットできるのです。

昔、マリア・カラスという有名なオペラ歌手がいましたが、有名になる前の彼女にはメルギーニというお金をたくさん持ったスポンサーがいました。彼はお金持ちなだけに女にモテたらしく、マリア・カラスはそのことに非常にイライラして１０５キロまで太ってしまったそうです。それ

図 2-7 ◎寄生虫の種類

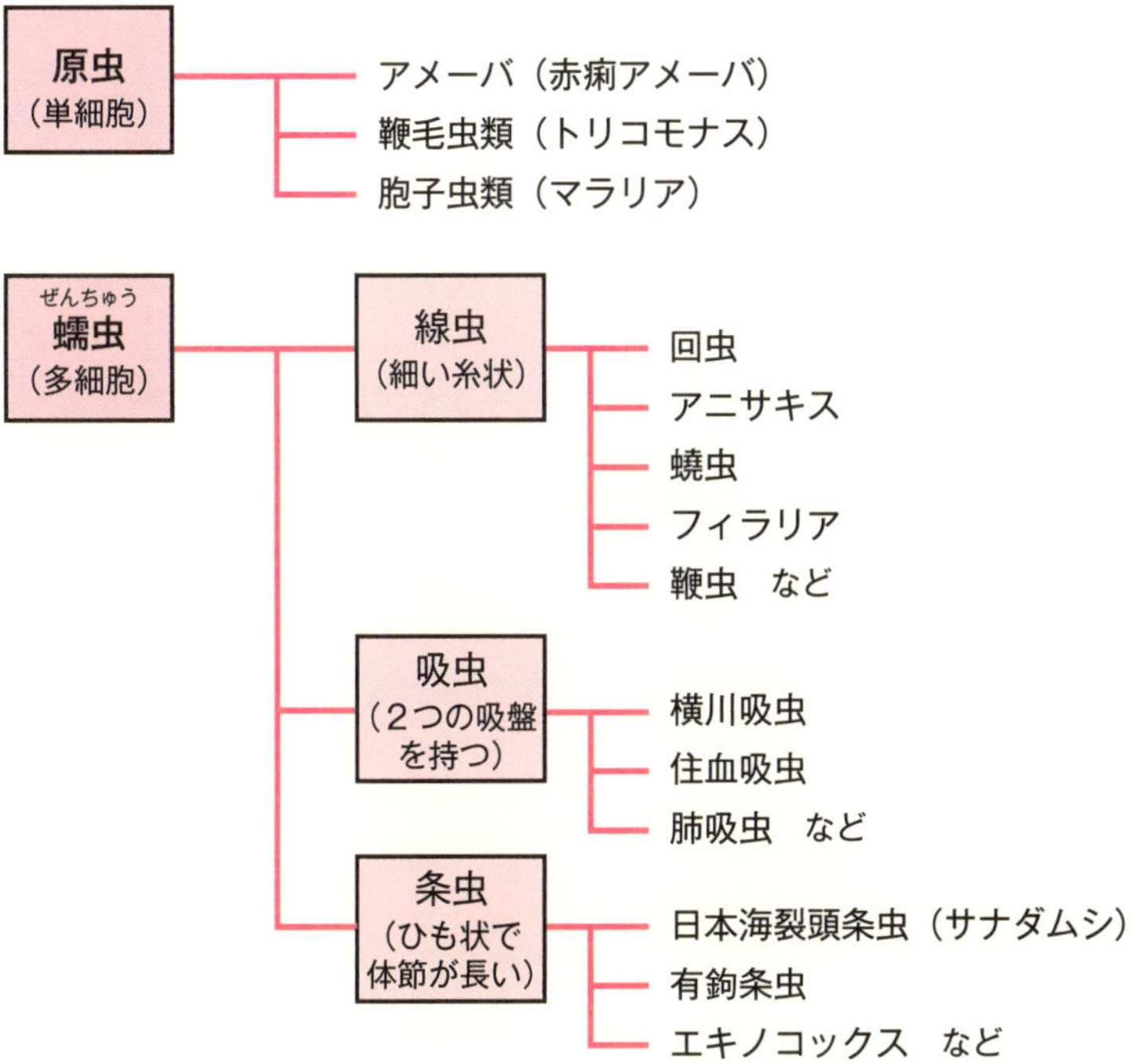

一口に寄生虫と言っても、その種類は様々。最も下等な条虫の仲間は雌雄同体で、オスとメス、2つの性器を持っている。線虫になると雌雄は分かれるが、メスのほうが圧倒的に大きい。

を見たメルギーニが「こんな太った女のスポンサーになりたくない」と言って、彼女に「やせろ」と命令したのです。

それでいろいろとダイエットをやったわけですが、どれも成功しませんでした。それが、ある人のすすめで先ほどの広節裂頭条虫を飲んだところ、6か月で50キロも痩せてしまいました。105キロが55キロになって、とても綺麗な女になったのです。

彼女が歌手として成功していったのはそれからですが、それに目をつけたのが石油王のオナシスで、彼は無理矢理、マリア・カラスをメルギーニから奪ってしまうのです。しかし、オナシスは虫が好かなかったのか、マリア・カラスを捨ててケネディ大統領の妻だったジャクリーヌ夫人と一緒になってしまったため、マリア・カラスは再び太ってしまったと言われています。

最後のあたりは完全に余談ですが、西洋では広節裂頭条虫をお腹に飼うと痩せるということが、こうした体験からわかってきたのです。

エネルギーを横取りする

それにしても、サナダムシをお腹に飼うとなぜ痩せられるのでしょうか？

サナダムシは元気のいい時、1日に20センチも伸びます。もともと1センチ程度だった小さな虫が、前述したように1か月で6メートルにもなり、卵を1日200万個も産むため、宿主から多くのエネルギーを横取りするのです。

もう少し詳しく言うと、サナダムシの腸管は人の腸と同じ構造をしているため、寄生されると腸の中に腸がある、という感じになります。したがって、私がステーキを食べると、私の胃液で分解して、ステーキのタンパク質はアミノ酸になり、私の小腸の中に吸収されますが、それと同時にキヨミちゃん、つまり、サナダムシの体壁にも入っていきます。サナダムシは1日20センチも伸びるので、特に栄養価の高いものを横取りしてしまいます。その結果、人は痩せるのだろうと思うのです。

もう一つは、食欲不振になるからだとも考えられてきました。しかし、不思議なことに日本人はサナダムシを飲み込んでも痩せません。ここまで「西洋では」と断り書きを入れてきましたが、私自身、キヨミちゃんを飼っても痩せたことはありませんでした。

その理由がずっとわからなかったのですが、日本に私のほかにもサナダムシが大好きという変わった学者がいました。山根洋右教授という鳥取大学の元副学長ですが、この人もずっとサナダムシを飲んでいるのに痩せなかったのです。

ところが、山根教授はお腹から虫がいなくなってから、わざわざスウェーデンまで行って、西洋のサナダムシを飲んだらとても痩せたのです。本人も驚いて、こっそり研究した結果、面白い違いがわかりました。

西洋と日本で姿形はまったく同じですが、西洋の広節裂頭条虫は中間宿主がマス、日本のはサケ類だったのです。西洋の広節裂頭条虫はヒトの体の中で十分に共生していないため、お腹に取り込むと食欲不振を起こしたり、ビタミン不足など栄養不良を起こしたりして痩せるということが明らかになりました。

こうした結果をふまえ、山根教授が日本のサナダムシが日本海裂頭条虫という特有の種であることを、世界で初めて発表したのです。私が飼っていたキヨミちゃんも、日本生まれの日本海裂頭条虫だったのです。

様々な種類の寄生虫

話が脇道に逸れてしまいましたが、サナダムシのほかにも寄生虫はたくさんいます。サナダムシは条虫の仲間で、怖い病気を引き起こす有鉤《ゆうこう》条虫やエキノコックスもここに分類されます。ヒモのようにビロビロと体節が長くつながっている姿をしていたら、条虫の仲間だと思っていいでしょう。

この条虫のほかに、吸虫と線虫に分類される寄生虫もいます。このうちの吸虫は、日本では肝吸虫や肺吸虫が知られ、こちらも大部分は雌雄同体なのですが、もう少し進化した住血吸虫になるとオスとメスが別々になり、いつもくっついています。同体ではないけれども、くっつきながら、抱き合って行動しているのです。メスは抱雌管というオスを抱く管があって、そこでオスは抱かれているわけですが、オスとメスが分かれそうになっているだけで、まだ完全に分かれていないということでしょう。

もう一つの線虫になると、これはもう完全な雌雄異体です。この線虫の代表が回虫なのですが、特徴はメスが大きくて、オスのほうがいつも小さいのです。回虫はそれでもちゃんと交尾しますが、なかにはオスが必要ないという虫もいます。

メジナ虫という線虫で、メスは2メートルで、オスはわずか2センチほどです。交尾をするとオスはメスに吸収されて死んでしまいます。進化の過程でだんだん雌雄異体になっていき、最初はオスとメスと別々の個体になりましたが、結局、オスは交尾するだけでいいということになったのでしょう。

線虫には、このほかにもギョウ虫やアニサキス、フィラリア、鞭虫《べんちゅう》などがいますが、こうした分類とはべつに、ヒトに寄生するのはヒトの回虫、犬に寄生するのは犬の回虫、豚に寄生するのは豚の回虫と、宿主ごとに違っていることも重要です。クジラに寄生する回虫がアニサキスで、この幼虫はサバやイカなどの体に棲んでいますが、ヒトの体に入ってくると胃けいれんを起こしたり、腸閉塞を起こしたりするのです。

回虫はもういなくなったと言われていますが、犬の便を調べたら犬の回虫は普通に見られますし、アニサキスにかかっていないクジラは一匹もいません。私たちはクジラだけを見てクジラと呼んでいますが、本当はクジラ+回虫がクジラなのです。

回虫にしろ寄生虫にしろ、細菌にしろ、自然界に共生しないで生きているものなど存在しないのですから、虫が寄生していることも何ら変わったことではありません。それは、むしろ当たり前のことです。共生を排除してしまったヒトのほうが、自然界ではむしろ不自然な存在なのです。

「虫を飼わないと学者じゃない」

こぼれ話的に、私が自分のお腹で寄生虫を飼うようになったきっかけをお話ししましょう。

いまから約20年前、『笑うカイチュウ』を書いたことで、寄生虫がアレルギーを抑えているということが世間にも伝わり、本もたくさん売れましたから、いろいろなメディアが取材に来て、テレビにもたくさん出演しました。

なかでも関心を持ってくれたのが、日曜日の朝にTBSでやっていた関口宏さんの番組で、関口さんが優しい語り口で「藤田さん、それはすごいですね」と言ってくれたことで、ほかの局からもずいぶんお呼びがかかるようになりました。

そのうちの一つがテレビ朝日の日曜日の田原総一朗さんの番組だったのですが、田原さんのほうはあの表情で「先生、回虫が体にいいと言ってるけど、あなた自分で回虫飼ってるのですか」と嫌なことを言ってきたのです。「いいえ、飼ってません」と言ったら、「それでもあなたは学者ですか。寄生虫が体にいいと言いながら飼ってないのは学者じゃありませんよ」と生放送でガツンと言われました。番組が終わった後、担当のディレクターも「先生、この話をする時は寄生虫をお腹に飼っていないと説得力がありませんよ」と言ってきたので、そこまで言うのなら飼ってやろうと思ったわけです。

それですぐ研究室に戻って、どの寄生虫がいちばん私に優しいだろうかと調べたら、前述した日本海裂頭条虫というサナダムシなら日本人には悪さをしないだろうということで、こちらを飲むことにしたのです。

ただ、サナダムシは1日20センチも伸び、1ヶ月で6メートルにもなるような虫ですから、大丈夫だと思ってはいましたが、やはり怖かったので、一緒にやる仲間を見つけようと東京医科歯科大学の職員組合の小須田という委員長に声をかけました。

彼は太っていてダイエットをしていることを知っていましたから、「俺、いまからサナダムシの幼虫を飲むけど、お前も飲まないか」と言ったら、案の定、「飲ませてください」と言ってきました。そこで、ただでは飲ませないで、「俺が学内で騒ぎを起こしても、組合で取り上げるなよ」と条件をつけたら「取りあげません」と言ってきたので、シメシメと思いながら、私は1匹でしたが、彼にはナイショで10匹も飲ませたのです。

ただ、それだけ飲ませたにもかかわらず、結局、彼のサナダムシはすべて流産してしまいました。彼はアル中気味で、お酒ばっかり飲んでいたので、せっかくのサナダムシも発育不良になってしまったのかもしれません。私のサナダムシはすくすくと育ちましたから、虫の好かない男もいるんだな、というのがわかったのです。

この小須田君のほかにも、仲が良かった自動車評論家の故・徳大寺有恒さんにも飲んでもらいました。彼は『賢いクルマ選び』というベストセラーで有名でしたが、「俺、太って糖尿病だから寄生虫を飲ませてくれ」と熱心に言うので、サナダムシを5回飲ませましたが、全部、流産してしまいました。このことから、サナダムシは糖尿病の体の中でも育たない、ということがわかったのです。

一方で、大学には内緒で、自殺を繰り返している子に飲ませたのですが、それ以来、その子たちは自殺をやめました。この顛末は第1章でも述べましたが、寄生虫はその人のメンタルとも深く関わり合っているようなのです。私もサナダムシを飼っている間は、心が非常に穏やかになることを何度も実感しています。それは、いなくなるとわかります。なんとなく寂しいな、というような気持ちが湧いてくるのです。

サナダムシの幼虫を飲み込む

この寄生虫とメンタルとの不思議な関係については、銀座のあるママさんのエピソードも思い浮かびます。

そのママさんは、私の知り合いの某出版社の社長の愛人だったのですが、太っていたので、社長さんが「サナダムシを飲ませてくれ」と言ってきたのです。日本のサナダムシでは絶対に痩せませんし、かえってお腹が空いて、いろいろなものを食べて太ってしまうこともあるので、「ダメです」と言ったのですが、なかなか引き下がってくれませんでした。

なにしろ出版社の社長ですから、「俺のいうことを聞かないと本を出してあげないぞ」と脅かされて、「言うとおりにしたら銀座でタダで飲ませてあげるから」というので、「絶対に間食しないでください。それから食事の量も増やさないでください。そうしないと痩せませんから」と条件をつけて飲ませたわけです。

一緒にサナダムシの幼虫を飲んだ社長さんは、大酒飲みだったのですぐに流産してしまいました。ママのお腹には住み着いてくれたのですが、案の定、少しも痩せなかったのです。一年後、また社長がやって来て、「かえって太ったみたいだから、ママのところに二人で謝りに行こう」と言ってきたので、渋々銀座に行くと、ママさんは「いいのよ、先生、心配しなくて。気持ちが穏やかになって、お客さんがとても増えたから。何か言われるとイライラしてたんだけど、いまは平気。太ったけど優しくなったんですよ」と言うのです。

こうした話をあちこちで聞くことで、やっぱりサナダムシはヒトの心を安定させる何かの物質を出しているんじゃないか、というように思ったのです。その頃の私は腸内細菌の研究に移っていましたから、腸内細菌もセロトニンやドーパミンを作ってメンタルを操っているのではないかという発想につながっていきました。

そのあたりを研究している時、腸内細菌がセロトニン、ドーパミンの前駆物質を合成している、ということをアメリカの研究者が発見したのです。

ヒトの免疫機能は異物が入ってきたら排除する働きですが、お腹の中にいる生き物たちの中には、その免疫をかいくぐる術を持ったものがいるわけです。サナダムシはヒトにとっては異物な

図 2-8 ◎サナダムシといると優しくなれる

サナダムシを飼っているとなぜか気持ちが優しくなる。この実感が、後に腸内細菌とメンタルの関係を着想するきっかけになった。

ので、ヒトは免疫を作って攻撃を仕掛けますが、サナダムシは自分に対する免疫を弱める一方で、その他の免疫は高める働きをしているのです。

持ちつ持たれつの生物界

寄生虫の話にまた戻りますが、寄生虫が自分の宿主を守っている持ちつ持たれつの関わりについて、もう少し例を挙げてみることにしましょう。

たとえば、槍形《やりがた》吸虫はアリが中間宿主なので、アリの体の中に幼虫が棲んでいるのですが、これは牛とか羊に食べられないと成虫にはならないのです。そこでどうするのかというと、槍形吸虫の幼虫はアリの脳を支配して、葉っぱの先にアリを移動させます。その葉を羊や牛が食べることで、幼虫は羊やウシのなかで親虫になれるのです。

あるいは、レウコクロリディウムという寄生虫は中間宿主がカタツムリ、スズメが最終宿主なので、幼虫はカタツムリの体に棲んでいます。ただ棲んでいる場所が昼と夜で違っていて、夜は幼虫は肝臓の中にいるのですが、昼間だけはカタツムリの目に出てきて、にょろっとした触手を外に出します。そのため、カタツムリの目がシマシマに見えるので、スズメがイモムシだと間違えてすぐ見つけるようになっています。それをスズメが食べることで、新しい住処にありつけるのです。

こうした生き物どうしのやりとりは、自分たちが生きるためにはどうしたらいいかという知恵のようなもので、親虫になった寄生虫は宿主を大事にして、子どもをいっぱい産ませるようにしていますが、中間宿主に対しては滅茶苦茶なことをしてるのです。最終宿主が中間宿主を早く食べてくれるように、あの手この手を使って中間宿主を操作しているのです。

最終的には、エキノコックスもキタキツネに寄生するサナダムシだと言いましたが、中間宿主の野ネズミは幼虫だらけになって、弱ってフラフラになってしまいます。だからすぐにキタキツネに食べられるようになってるのです。こうして見ると、共生の原理は、すべての生き物にとって必ずしも良いことばかりでないこともわかるでしょう。

最後には、共生している者どうしでは非常にうまいやり方をしているけれども、そこに至る生き物は犠牲になっているという現実があるわけですが、現代人は、その最後の共生の部分をないがしろにしてしまい、まったく上手に活かせてはいないのです。

私は寄生虫を最初に研究したことで、幸運にも共生という概念を肌で感じとることができ、自分自身の健康にもつなげてきました。共生こそが私たちが健康に生きるうえでとても大事であることを、お腹の虫たちが教えてくれたのです。

COLUMN

アレルギーを治すとガンが増える?

私は、寄生虫の分子量2万のタンパク質を使って、遺伝子組み換えの方法で薬を作ることに成功しています。その薬には肥満細胞を破れなくする作用があるため、アトピーや喘息を一発で治すことができます。「これは世界的な発見……ひょっとしたらノーベル賞か!」と思いましたが、大きな問題があることがわかりました。アトピーは治しますが、免疫のバランスが失われ、ガンになりやすいことが判明したからです。

免疫反応は、Th1(細胞性免疫)とTh2(液性免疫)という2種類のT細胞の働きで成り立っています。このうちのTh1には、インターフェロンやNK細胞を出してガン細胞をやっつける働きが、Th2には、アレルギーを抑える働きがあります。Th1とTh2がバランスよく働くことで私たちの健康は保たれるわけですが、私の作った薬を注射するとTh2の働きが大きくなり、アトピーは治癒するものの、その分、Th1の働きが低下してしまうため、ガン細胞が見逃されやすくなるのです。

この事実を知ったことで、私はアレルギー性疾患やガンのような、免疫のバランスが崩れることで起こる病気は西洋医学では治しにくいことを実感し、大きなショックを受けました。あちらを立てればこちらが立たず、微妙なバランスの上に成り立っている免疫の働きを薬でコントロールすることなど、土台無理な話だからです。

こうした免疫のバランスの病気には、むしろ東洋医学的な発想が必要であり、その中心が「自然治癒力」という考え方になるでしょう。

たとえば、Ｔｈ１には腸内細菌の働きが深く関与していますから、腸内細菌の数を増やせば自然治癒がうながされることになります。食生活の面で言えば、腸内細菌のエサである植物性の食べ物（穀類、野菜、豆類、発酵食品など）の摂取を心がけることがガン予防につながっていくわけです。

地球上に生命体が誕生して約38億年。人類の誕生から６００~７００万年。これに対し、近代医学が興り、抗生物質やワクチンが使われるようになったのは、たかだかこの１００年ほどのことです。何十億年と生き続けてこられたのは、私たちの体に備わった力の賜物であり、免疫力も自然治癒力もその一部にほかなりません。失われた生命力を取り戻すには何が必要か？　いま、広い視野に立って見直す時期に来ています。

第3章

……

共生細菌から見た「腸」と「脳」の不思議なつながり

国によってウンチの大きさは違う

私の研究生活の入口は寄生虫でしたが、研究を続けていくうちにとりわけ好きになったのが、腸内に棲んでいる生き物たちです。

好きになるといろいろ知りたくなり、まず腸の中にどんな種類の寄生虫がいるのか、世界各地の発展途上国のウンチを集めて調べるようになりました。その結果、わかってきたのは、国や地域によってウンチの大きさが違うということです。

たとえば、ニューギニアの人たちは一日1キロくらいウンチをします。あまりの量なので何が入っているのかを顕微鏡で覗いてみると、腸内細菌の数がとても多いのです。実際、便の固形分の60%が水分、20%が腸内細菌とその死骸、15%が腸粘膜細胞の死骸、残り5%が食べカスです。**便の量が多いということは、腸内細菌の死骸も多いことを意味します。つまり、それだけたくさんの腸内細菌が棲んでいるということ**です。

また、腸粘膜の死骸が多いのは、腸がそれだけしっかりと働いていることの証しであると言えます。腸が元気であれば代謝が盛んになりますから、心身の健康レベルが高いことも想像できるでしょう。一人ひとりのウンチの大きさを計ってみるだけで、その人がどのくらい健康であるかが見えてくるのです。

ちなみに、日本人で言うと、いまの時代の人たちは戦前の3分の1くらいに便の量が減ってしまっているようです。もちろん、腸内細菌の数も相対的に減っているでしょう。食生活やストレ

図 3-1 ◎便の中には腸内細菌がギッシリ！

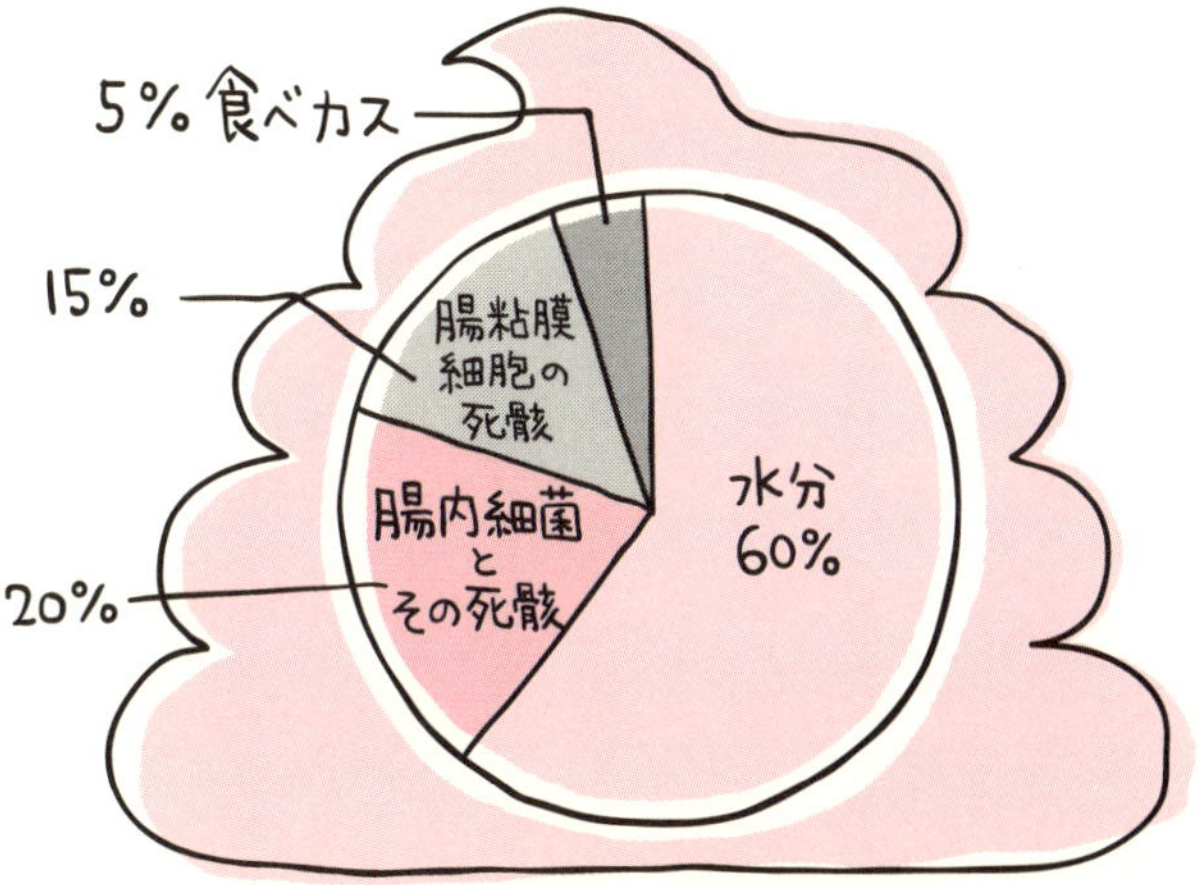

出典：辨野義己（2013）『ヘルシスト』を改編

便の構成成分は、水分を除くとじつに50%が腸内細菌の死骸。どれくらい菌たちと共生しているかで、便の大きさ、状態も変化してくる。

スなど、理由はいろいろと考えられますが、ハッキリ言えるのは、昔の人に比べて健康状態がそれだけ低下してしまっているということです。ウンチの量から推測したら、3分の1程度の生命力に落ちてしまっているのかもしれません。

このようにウンチをあれこれ調べていくうちに、私の興味の対象がどんどん腸内細菌へと移っていきました。私が腸内細菌の研究を本格的に始めたのは1980年に入った頃でしたから、『笑うカイチュウ』が刊行されるまだ前のことです。

後述していきますが、こうした研究を通して、寄生虫がアレルギーを抑えるのと同じことを腸内細菌がやっていることも徐々にわかってきました。つまり、**腸内細菌が多くなるほどアレルギーにはかかりにくくなり、免疫が正常に機能しやすくなるのです。**

「寄生虫は日本からいなくなってしまったけれども、腸内細菌に同じ役割を期待することができるかもしれない」――私の中で、そんな希望が芽生えてきました。腸内細菌の研究を始めた背景には、寄生虫がいなくなっていった現実も大きく関係していると思いますが、その根底にあったのは共生の思想にほかなりません。

共生というバックグラウンドがあったことで、研究対象をとてもスムーズに移していくことができたのです。

3Kのレッテルを貼られ

とはいえ、私が腸内細菌に注目するようになった当初、この分野の研究は日本ではあまりなされていませんでした。理化学研究所の主任をしていた光岡知足先生が、第一人者として活躍しておられましたが、後に続く人がほとんどいないような状況でした。

腸内細菌の研究と言っても、結局、ウンチを延々と調べるわけですから、臭いし汚いし、みんな嫌がってやろうとしないのです。そんな研究を誰もやろうとしなかったことを黙々と続けられたことで、光岡先生は世界的な業績を上げていったわけですが、マイナーであったことに変わりはありません。特に医学部の出身者は、ウンチを研究するのを嫌がる人が多くて、私も弟子を育てるのに本当に苦労しました。

特に困るのは、結婚してからの急な心変わりでした。「せっかく医者と結婚したのに、ウンチなんかを研究すると子どもに悪影響を与える！」なんて奥さんが言い出したりして、多くの研究者がばたばたとこの研究をやめてしまいました。

脳を研究している人は、医学部で「権威ある研究者だ」という顔をして歩いていますし、実際に研究者もいっぱいいます。世間も脳科学者は偉くて賢いと思っているのに、その大元にある腸はほとんど顧みられていません。生物の歴史をたどっていけば、まず腸から始まった現実が見えてくるのに、「きたない、くさい、きつい」の３Ｋのレッテルを貼られるばかりです。その反発が後に『脳はバカ、腸はかしこい』という本を書く原動力になりました。

もちろん、マイナーと言っても、アレルギーやアトピー、うつ病になる人が増えていくなかで、腸内細菌との関わりが徐々に明らかになり、注目する人は増えてきました。そこで、5年くらい前から「腸ブームを作ってやろう」と思っていくつかの本を出したのですが、その時はあまりかんばしい反応がありませんでした。

「世の中の考え方が変わってきたな」とようやく感じられるようになったのは、3年くらい前からでしょう。「ドーパミン、セロトニンは脳ではなく腸で合成されている」ことが研究発表されたことが大きかったと思います(注6)。

この発表をふまえ、『腸内革命』という本に書いたところ、一般の読者の反響が届く前に、健康食品やサプリメントを開発している会社が次々と私のところにやって来るようになりました。名だたる食品メーカーがこぞって相談に来て、いまさらのように「すごい、すごい」と言うのです。

逆に言えば、腸内環境と健康の関係を謳っていながら、いままでは腸内細菌なんて大した働きをしていないと思っていたのかもしれません。でも、菌たちが心の健康まで握っていると書いたら、急に関心が高まって、腸の本を出すたびに売れるようにもなったのです。

サナダムシがいる幸福感

さかのぼって考えてみると、こうした腸と脳の関係に最初に気づいたのは、やはりサナダムシをお腹に入れていた頃だったと思います。

自殺を繰り返している子供をお母さんが連れてきた話は前章でしましたが、その他にも心が病んでいる100人近くにサナダムシを飲んでもらった経験があります。その結果、飲んでもらった人は全員自殺を思いとどまりました。サナダムシを飲んでから、自殺衝動が強くなったという例は一つもなかったのです。

私自身、サナダムシをお腹の中に入れていると、何となく幸せな感じが続きました。通常、サナダムシは3年から3年半くらいで死んでしまいますが、いつ死んだのかはハッキリとわかりません。でも、サナダムシが死んだ後は何となく寂しい感じがするので便を調べてみると、サナダムシの卵が見つからないのです。それでサナダムシが死んでしまったとわかるのです。

前章で取り上げましたが、某出版社の社長さんの愛人も、お腹にサナダムシを飼うようになってから気持ちが明るくなって、お客さんが増えたと言っていました。これらはどれも個人の実感にすぎませんが、こうした事例をたびたび目にしていけば、やはり腸のなかで何かが起こっているのだろうと自然に思うようになります。食べ物を消化するだけではない、腸の深い働きが感じられるようになったのです。

実際、脊椎動物になって以降の生き物は、発生の際に腸が最初に作られます。肝臓も、胃も、心臓もみな腸が元になっています。個体発生からみても腸が最初ですし、生物の系統発生からみても腸が最初です。やはり、「初めに腸ありき」ということなのです。

メンタルとの関係についても、これまで繰り返してきたように、体内で作られるセロトニンの

90％は腸にあって、脳はたったの2％です。一般的には、その2％が減ってくると、うつ病になると言われていますが、いくら薬を処方して、脳内のセロトニンの量を増やそうとしても、わずか2％なのですから大勢には影響がありません。かえって副作用の問題も出てしまい、症状が悪化することもあるでしょう。腸とメンタルの関係が見落とされているからなかなか治せないのです。

また、脳でセロトニンやドーパミンの前駆体が作られ、それが脳に送られていることもわかっています。たとえると、車の部品のほとんどは腸で作られ、おおよそ組み立てられたところで脳に運ばれて、脳は最後の仕上げをやっているだけなのです。

もちろん、ここに共生というテーマを結びつけた場合、腸という器官だけでなく、そこに棲む腸内細菌も深く関わっていることがわかってきます。

要するに、**消化管である腸と腸内細菌がセットになって、消化や免疫はもとより、メンタルに関わるドーパミン、セロトニンまでもが作られている**のです。これらの神経伝達物質は合成する時にビタミンが必要になりますが、それは腸内細菌しか作れないビタミンです。共生がなくてはメンタルの土台も作られないのです。

世界的にもそういう研究が少しずつなされてきて、徐々に認知されてきたことで、腸という器官の優位性が徐々に認識されるようになってきました。それが、『脳はバカ、腸はかしこい』のような逆転の発想に結びついたわけです。

腸内細菌が多いと賢くなる

先ほど「脳科学ばかりもてはやされている」と言いましたが、その延長でいわゆる「脳トレ」についても考えてみたいと思います。

脳トレにもいろいろなエクササイズがありますが、一つ言えるのは**脳だけを鍛えたところで体は幸福を感じないし、頭も良くはならない**ということです。共生するものを上手に活かさないと肝心の脳も活性化しないからです。

これまで述べてきたのと同様、その重要なカギを握っているのは腸内の日和見菌です。日和見菌と呼ばれる、どこにでもいるごく普通の菌を腸内に多く取り込むと、異物に対する免疫ができ、アレルギーを予防すると述べてきましたが、じつはこれが脳の発達にも深く関与していることがわかってきたからです。

たとえば、無菌マウスとそうではない通常のマウスを比較すると、無菌マウスのほうが脳の発育が悪いというデータがあります(注7)。生まれた初期の段階で腸内細菌が入ると脳もちゃんと発育しますが、無菌にしてしまうとうまくいかなくなるのです。

これは、脳内のセロトニンの量にも関係していると考えられます。「ネイチャー」にも掲載されたある実験では、腸内細菌を持たないマウスは、成長後の脳内のセロトニンがとても少なかったことが確認されているからです。

つまり、その人のベースにある「賢さ」は、生まれた初期の段階に腸内に棲む細菌である程度

図 3-2 ◎脳ばっかり鍛えても…

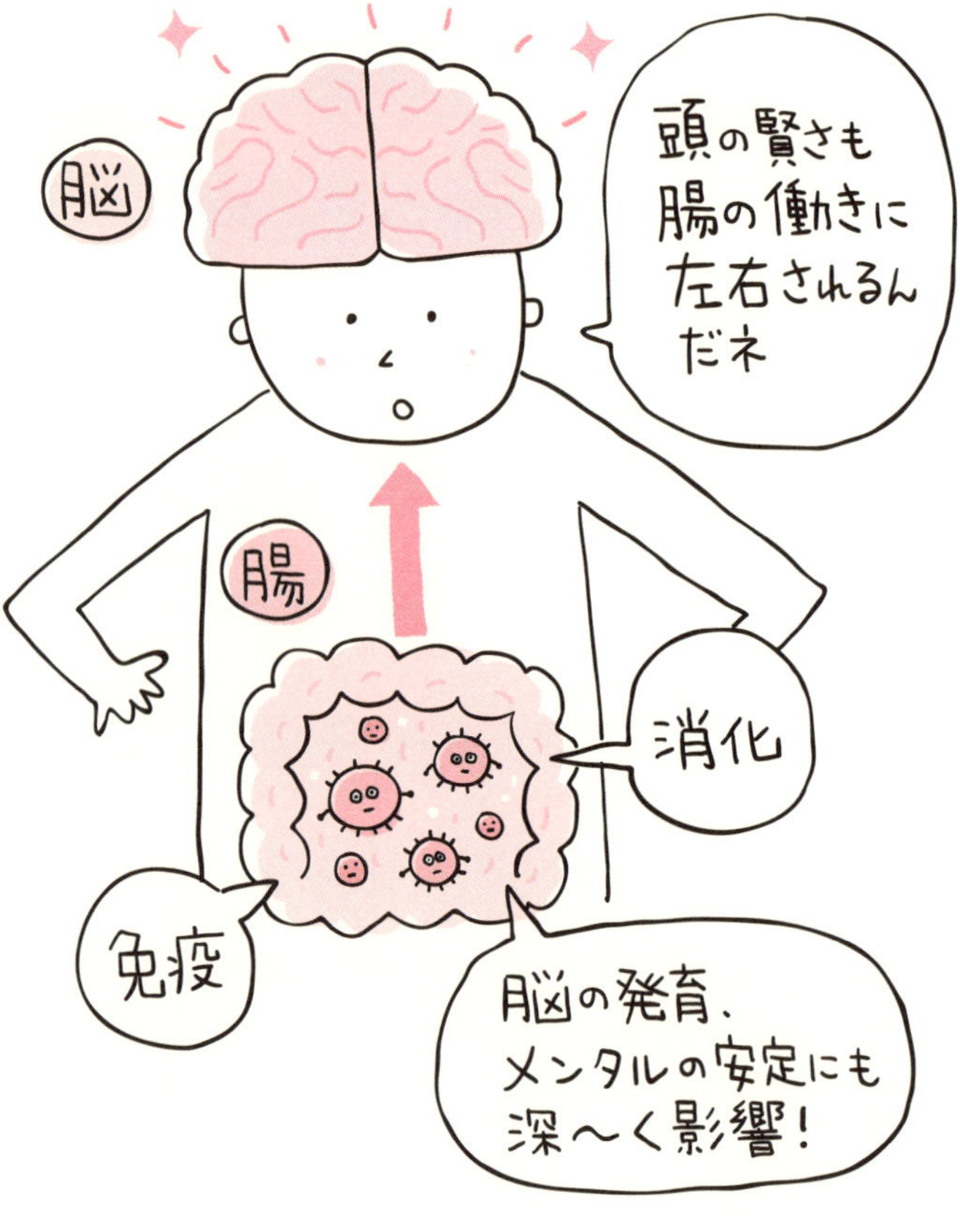

頭（脳）だけを鍛えても賢くなれないのは、そこに腸の働きが深く関与しているため。腸の働きが安定することでメンタルも安定し、脳も働きやすい状態になる。

決まってしまいます。免疫や健康だけでなく頭の良さも、菌との共生がカギを握っているのです。日常で土壌菌などとふれあうことで、自然と脳も発育していくのです。

こうした話を意外に感じる人もいるかもしれませんが、自然界では決して珍しいこととは言えません。たとえばキョウソヤドリコバチと呼ばれるハチは、腸内に棲む細菌の種類が変わってくることで100万年ほど前に枝分かれし、同じ種のハチなのにいまでは再統合できなくなっています。生物の進化にも腸内細菌が深く関わり合って、それこそコントロールしている現実も見えてくるわけです。

頭で考え、判断することで生きているというのは傲慢な話で、その能力自体もじつは菌たちの働きに左右されています。この世界が共生で成り立っている現実を忘れてしまったことで、私たちは独りよがりの頭でっかちになってしまったのです。

不安や心配の源は腸にあり

そもそも、心配事が起こったり、不安を感じたりするのは、腸に問題があるからで、脳が悪いわけではないことを知る必要があります。

腸をちゃんと元気にしておけば、余計な心配や不安は湧いてこないのです。それがわかれば、日常の不安への対処法も変わってくるでしょう。共生がうまくいっていないから気持ちがアンバランスになっているわけです。

少し考えてみればわかりますが、生きることすべてが不安に満ちているのです。明日、地震が起きたら、事故に巻き込まれたら、電車が止まったら、会社をクビになったら……こうした心配は日常的に誰もが感じていることだと思いますが、よほど腸内細菌がバランスを崩していないかぎり、大部分の人は「大丈夫、何とかなる」と思って生きているでしょう。こうした感覚は頭でコントロールできるものではなく、じつは腸がやっているのではないかということです。

腸が最初にでき、そこで共生が始まりました。後からできた脳に異物との共生はありませんが（あったら操られて大変でしょう）、母体である腸の共生関係によってセロトニンのような物質が生み出されたり、結果として脳の機能に影響を与えてきたわけです。

脳は共生の重要性なんてわかっていないかもしれませんが、自分自身は共生状態を利用して発達してきたのです。それは、腸から分化した心臓にも肺にも肝臓にも言えることです。これらの器官も共生はありませんが、その影響はすべて受けているのです。最初に作られた器官で起こったことが体全体に波及しているのです。

先ほど生まれて1年以内で能力のベースが決まってしまうと言いましたが、これが事実ならば、共生がうまくやれていた昔の人のほうがずっと賢かったことになるでしょう。ＩＱ（知能指数）は訓練で上積みできるかもしれませんが、基本的な聡明さ、情緒面での落ち着き、安定感などは比べるべくもありません。

要は、ただ頭のいい人だけが増えてしまった、その結果、勉強はできるが生き抜く力が弱っているという感じでしょうか。免疫も落ちてしまいましたし、現代人は生き物としての総合力はかなり低くなってしまいました。

長年にわたって共生をないがしろにしたツケがまわっているのです。

納豆菌は善玉菌にあらず

では、そうやって生まれた段階で決まってしまったものを、長い人生のなかでどう挽回していったらいいのでしょうか?

そこで重要になってくるのが、食事や日常の過ごし方であると言えます。毎日の生活のなかで生物との共生関係を取り戻していくことです。とりわけ食事については、腸内細菌が元気になるようなものをいかに摂るかが重要でしょう。

腸内細菌については、乳酸菌やビフィズス菌のような善玉菌の数が増えると、腸内環境はスムーズに改善されていくと言われていますが、私はこうした菌の種類よりも量のほうが重要ではないかと考えています。

なぜかというと、まず**悪玉菌が善玉菌にエネルギーを与えているからです。つまり、菌どうしでエネルギーの交換をやっている側面もある**からです。善だけじゃなく、ある程度は悪も必要だから、腸は悪も簡単に受け入れているわけです。善玉菌の入った食べ物ばかり食べればいいというわけではないと思うのです。

これに加え、もう一つ無視できないのが培養できない大多数の日和見菌の存在です。これまでお話ししてきたように、腸内細菌のパターンは、培養できないものも含めて生まれてから1年ほどの間にほとんど決まってしまうのだとしたら、善玉菌を多く摂っても「関係ないじゃないか」という話になってしまいます。

なぜパターンが決まっているのに、善玉菌が大事なのか？　善玉菌の一定の割合になると日和見菌が一斉になびいて、善玉菌に加担するからだと前章で述べましたが、じつはわからないところも多いということも知っておく必要があります。

たとえば、ヨーグルトや漬け物が体にいいのは、ビフィズス菌、乳酸菌のような善玉菌が含まれているからだと説明されていますが、納豆菌についてはどうでしょうか？　納豆菌は納豆に含まれている複数の菌を総称していますが、そうした名前がついているだけで、実際はそこらへんにいる枯れ草菌、土壌菌と同じですから、善玉菌とは呼べません。でも、摂取すれば腸内細菌は確実に増えるわけです。

つまり、善玉菌の入っているヨーグルトや漬け物でも腸内細菌の数は増えますが、日和見菌と呼んでいい納豆菌でも増えるのです。後者については土壌菌と変わらないわけですから、善玉菌を増やすというよりも、**腸に菌を取り込むと免疫ができ、その結果、腸内細菌の働きが活性化すると考えたほうがいいのかもしれません**。

赤ちゃんがまわりのものを何でも舐めようとするのも、いろいろな菌を取り込み、免疫を作っ

図 3-3 ◎遺伝子分析でわかった腸内細菌の割合

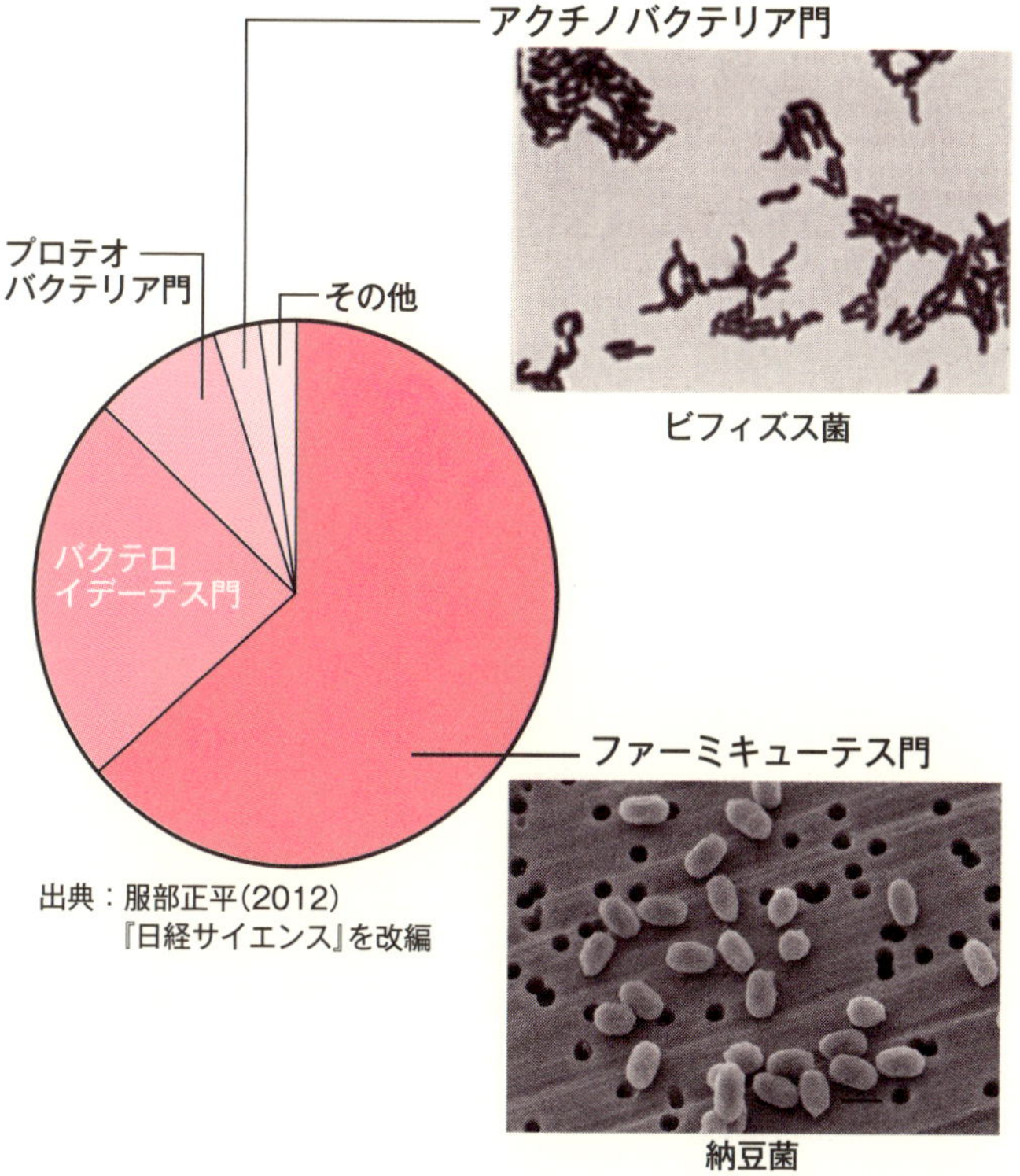

出典：服部正平(2012)
『日経サイエンス』を改編

遺伝子分析の技術が進むことで、培養できない菌のほとんどが日和見菌であることがわかってきた。納豆菌は、こうした日和見菌の代表であるファーミキューテス門に、ビフィズス菌はアクチノバクテリア門に属している。腸内細菌の数が増えるという点ではどちらも変わらない。

ているからだとお話ししましたが、食事で納豆菌を取り込むことも舐める行為と似通った意味があるのではないでしょうか。

もちろん、いくら舐めるのが大事、取り入れるのが大事と言っても、病原性の高い菌はとてもすすめられません。**なめてもいいのは、命には別状のないチョイ悪の菌**です。その代表は、培養できる菌では大腸菌になりますが（大腸菌の多くは無害なのです）、培養できない菌まで広げると、枯草菌とか納豆菌とか、そのあたりに存在している日和見菌が対象になります。

日和見菌の働きはよくわかっていませんが、私たちはたくさんの菌と共生することで腸の健康を保ってきたのです。善玉菌と呼ばれる菌にばかり目が向いていると、共生という本質が見えなくなってしまうかもしれません。

土壌菌で朝立ちした？

いずれにせよ、いま私が注目しているのはどこにでも存在している日和見菌です。

ただ、これらの菌がどんな作用をするのかということが、よくわかっているわけではありませんから、研究の一つのステップとして、私はせっせと土壌菌を飲んでいるのです。

かつては寄生虫を飲んでさんざんバカにされましたが、今度は土壌菌です。こんな話を微生物を研究している学者にしてもほとんど相手にされませんでしたが、周囲の無理解はこれまで何度も経験してきましたから、むしろやる気が湧いてきます。

以来、土壌菌を入れたカプセルを毎日飲んでは、自分の免疫力がどのように変化するのか観察するようになりました。土壌菌と言っても、実際に摂っているのは大豆を発酵させた健康食品です。20種類くらいの菌を培養させたものなので、内容的には土壌菌とまったく同じですが、免疫力が高まったのか、体力がつき、精神的にも余裕が出てきたのを感じます。

私だけでは「思い込みだろう」と思われるかもしれないので、発酵学の第一人者である、東京農業大学の小泉武夫名誉教授にも同じ土壌菌のカプセルを飲んでもらったところ、何とウン十年ぶりに朝立ちしたとのことでした。

朝立ちと言えば、交尾しなくなった牛に土壌菌と乳酸菌を混ぜて与えたら、牛の健康状態が改善され、性交の回数がグンと増えたという話を聞いたこともあります。性器ももともと腸と同じ種類の内臓から生まれたものですから、腸が元気になることと精力が回復することは決して無関係ではないのです。

こうした話にピンと来ない人でも、地鶏とブロイラーの肉では、どちらがおいしいかと聞けば、地鶏のほうがおいしいと言うでしょう。これは地鶏が土壌菌を食べることで腸内細菌も元気になり、肉もおいしくなるからだと言えます。

まだまだ研究はこれからという段階ですが、善玉菌だけを取り入れるよりも、雑多でチョイ悪な日和見菌を上手に取り入れることに、免疫力アップをもたらしてくれる要因があることは間違いないと考えています。

精製した糖質をすすめない理由

善玉菌であるビフィズス菌や乳酸菌については、植物性の食材が腸内細菌のエサになるため、これまで野菜や豆を積極的に摂ることがすすめられてきました。

肉類などの動物性食品は悪玉菌を繁殖させ、腸内腐敗を引き起こしますから、あまり食べすぎないようにし、その分、野菜や豆の摂取を心がけることは確かに大事です。ただ、どんなものでもいいとは言えません。

まず意識してほしいのは手作りのものを選ぶということです。いくら植物性であっても、後述する精製した糖質や添加物が入った加工食品ばかり摂っていては、腸内細菌が減ってしまったり、消化に負担がかかってしまったり、腸には優しくありません。腸内細菌はもちろん増えませんし、活性酸素が腸内で増加することで常在する腸内細菌がやられてしまうなどの影響があります。

活性酸素を抑えるという意味では、抗酸化作用のある野菜を多く摂るようにするのもいいでしょう。ブドウやニンニクのように、色やにおいのついたものがおすすめですが、いずれにしても植物と上手につきあっていくことが大事なのだとわかるはずです。

また、手作りであることに加えて大事なのは、糖の摂り方です。栄養学では糖は炭水化物や糖質と呼ばれていますが、摂りすぎると血糖値が上昇するなど、体に様々な弊害を引き起こします。

腸はミトコンドリアがとても多い器官として知られていますが、ミトコンドリアは酸素を使ってエネルギーを作りますから、酸素を運搬する血液がよく集まっている腸はミトコンドリアの密

図 3-4 ◎腸に優しい食事とは？

①腸内細菌が喜ぶ「植物性の食材」を多く摂る！

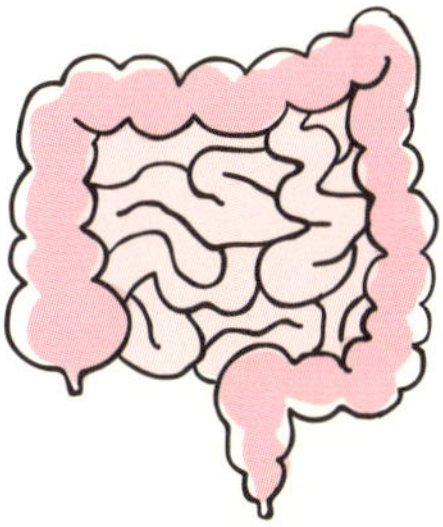

腸内細菌のエサになるのは、野菜や豆などの植物性の食材。できれば手作り・無添加のもの、あまり精製していないもの、抗酸化作用の強いものが望まれる。

②ミトコンドリアが嫌がる「精製した糖類」を控える！

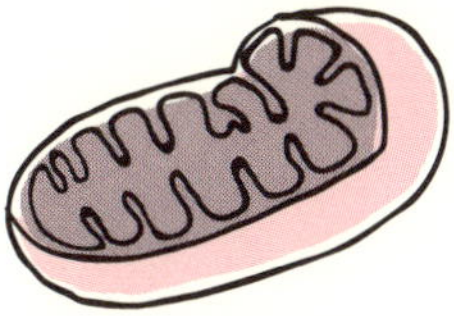

腸はミトコンドリアの密集地帯。精製した糖質は解糖エンジンで使われることが多いため、摂りすぎるとミトコンドリアが稼働しにくくなる。

精製した糖質の摂りすぎは、食物繊維やオリゴ糖のような消化が難しい多糖類をエサにしている腸内細菌にとっても望ましくありません。また、ミトコンドリアエンジンの活用が望ましい50歳以降は、健康寿命を確保するためにも精製した糖質は控えたほうがいいでしょう。

集地帯なのです。

糖を摂りすぎると、ミトコンドリアエンジンではなく解糖エンジンのほうが使われやすくなりますから、腸にとってあまり望ましいこととは言えません。腸内細菌は、食物繊維やオリゴ糖など、消化が難しい多糖類をエサにしていますが、すぐに消化される単糖類や二糖類だと具合が悪いのです。野菜や豆をたくさん摂ることは構いませんが、精製した糖質を多く摂るのは控えるべきでしょう。

わかりやすく言えば、**食物繊維を含めた多糖類をエサにしている腸内細菌も、ミトコンドリアで動いている腸の粘膜細胞も、精製した糖類はあまり必要としていない**ということです。

特に50歳をすぎると解糖エンジンより効率よく働くミトコンドリアエンジンを活用すべきですから、こうしたエネルギー源としての糖は、ますます必要でなくなってきます。高血糖を引き起こし、メタボの要因になることも含め、中高年世代は糖の摂取に注意が必要です。

植物性の食材が大事だからといって、砂糖や粉物ばかりを摂っていたら体調はどんどん悪くなっていってしまうはずです。

ミトコンドリアといかに共生するか

ヒトの場合、子どもを産まなくなっても生きていけますが、前述したように、それは子作りに必要な解糖エンジンの活動量を落として、もう一つのミトコンドリアエンジンをフル稼働させることで長寿が得られる仕組みになっているからです。

他の動物は子供を産めなくなったら死にますから、解糖エンジンもミトコンドリアエンジンも同時に使えなくなりますが、ヒトだけは例外です。**太古の時代からミトコンドリアとの共生を最大限に活用している生き物がヒト**なのです。

こうしたミトコンドリアの特性に加え、50歳を過ぎると男性ホルモンも女性ホルモンもあまり分泌されなくなっていくという問題もありますから、健康長寿を得るためにはホルモン系の不足を食事で補っていく必要も出てきます。ホルモンの原料はコレステロールですから、そこで求められるのは脂質でしょう。

つまり、子作りを卒業した50歳以降は、ミトコンドリアエンジンを動かすのに、糖質ではなく脂質やタンパク質が必要です。また、ホルモンの原料調達にも脂質が必要になります。さらに言えば、脳の細胞膜の材料もコレステロールですから、どちらにしても脂質の摂り方が重要になってきます。

また、タンパク質に関しては体全体を支えているものですから、あまり不足してしまうと、こちらも健康寿命に影響が出てきます。血液中のタンパク質の量は血清アルブミン値でわかりますが、これが基準値の4・0g／dLを下回り、3・5g／dLくらいになると、翌年には半数くらいの人が亡くなると言われています。

セロトニンやドーパミンのような神経伝達物質もタンパク質からできていますから、不足するとメンタルにも影響が出てくるでしょう。

脂質もタンパク質も、野菜や豆だけでは十分に摂れません。コレステロールは飽和脂肪酸といって、動物性脂肪に特に多く含まれていますから、不飽和脂肪酸の多い魚を食べるよりもはるかに効率よく摂取できるのです。

そう考えると、脂質（コレステロール）もタンパク質も豊富に含まれる肉類は、健康長寿を目指すうえでやはり大事だと言えます。少なくとも60歳を過ぎたら、週2回くらいは肉を食べないと若さを保つことは難しいでしょう。

私がいちばん言いたいのは、「**年をとるほどにミトコンドリアとの共生が大事になってくる**」という点です。実際、百歳以上の元気な人を調べてみると、みんな肉を食べています。厳格な菜食主義者は、百歳以上の元気な人の中には一人もいません。

80歳でエベレストに登った三浦雄一郎さんは、いまだにステーキや焼き肉を好んで食べていますし、百三歳の日野原重明先生は、医者の仕事を現役で続けながら週2回必ず肉を食べているといいます。

私たち人間は、他の動物とはミトコンドリアとの共生の仕方がちょっと違うのです。タンパク質は悪玉菌のエサになって腐敗物質を作りますから、あまり摂りすぎてもいけませんが、体を健康に維持するためにはタンパク質も必要なのです。ここでも共生のバランスが大事になってくるわけです。

図 3-5 ◎年をとるほどにミトコンドリアとの共生が大事

老年期を元気に過ごすうえで重要なのが、ミトコンドリアとの共生。解糖エンジンからミトコンドリアエンジンへの切り替えが何よりも問われてくる。

年代に合った食べ方が大事

細菌のような微生物が引き起こす現象は、発酵と腐敗に大きく分けられますが、いまお話ししたように、タンパク質の摂りすぎで腐敗を起こすと悪玉菌が増えてしまい、腸内細菌のバランスが崩れて、共生がうまくいかなくなります。

肉類の摂取を「週に2回くらい」という言い方をしたのもそのためで、共生を考えたら腐敗しない範囲で上手に摂ることが求められます。**糖質を摂りすぎるとミトコンドリアが喜ばず、タンパク質を摂りすぎると腸内細菌が喜ばない**のです。どちらのこともよく考えてあげて、生き方や食べ方を工夫していくべきでしょう。

一方で、まだ解糖エンジンを活発に働かせるべき30〜40代くらいの壮年期の人は、糖質を利用し、解糖エンジンを動かしてエネルギーを作っているので、そこまで肉を摂りすぎる必要はありません。

むしろ、野菜や豆類をしっかり摂って腸内腐敗を抑えたほうが共生はうまくいきます。壮年期ではホルモン系にしても、自分の体で作れるわけですから、肉類はあまり神経質に摂りすぎる必要はありません。前述したように、50歳を過ぎたあたりから、週2回程度の摂取を心がけるといいでしょう。

最近では、コレステロールの正常値が高い人のほうが長生きすることがわかってきました。コレステロール値が220など、これまで高脂血症のリスクが心配されてきた人のほうが、年をとってから元気なことが多いのです。脂の摂りすぎは体に悪い、だからステーキでもトンカツでも脂身は外して食べる、という人が多いかもしれませんが、年をとったらあまり神経質になる必要はないということです。

こうして見ていくと、**若い時にはたくさん肉を摂り、年を取ったら肉食が減るという、現代人の食事の傾向はあまり望ましくない**ことがわかると思います。**体の代謝の仕組みや、腸内細菌との共生を考えた場合、やっていることはまったく逆**なのです。**その結果、年代を問わず元気でない人が増えてしまっている**のです。

なぜこうしたことが起こるのでしょうか？　様々な理由が考えられますが、いまの医学や栄養学が動物実験をベースに人の健康を捉えようとしていることも大きいでしょう。

たとえば、粗食のネズミが長生きして、食べ放題にしたネズミが早く死んでしまうという実験結果から、「少食、粗食が体にいい」と語る専門家がいますが、ネズミは生きているかぎり解糖エンジンとミトコンドリアエンジンの両方を利用している動物なのですから、ヒトの健康には簡単には当てはめられません。

もちろん、サルだって同じです。遺伝子はかなり似通っているかもしれませんが、こちらも子作りができなくなったら死んでしまいます。前述したように、ヒトだけが子どもを作れなくなっても生きていけるのですから、長寿研究をやっていくには、やはりヒトの疫学に頼るのが最も確実であるはずです。

つまり、100歳以上の人はどういうふうに過ごし、何を食べているのかを知ることです。いまの栄養学では、炭水化物の摂取量は2歳から100歳まで同じ割合になっていますが、それでは体内エネルギー生成の生理に合いませんから、年代によって割合を変えていくことを考えるべきなのです。

一人ひとりの体質によって、当然、食事の摂り方や嗜好も違ってきます。画一的に言えない面があるのは確かですが、「何を食べるべきか」を考えていくうえで、年齢は大きなバロメーターになりえます。「その年代に合った食べ方」というものを構築し、栄養学の常識を徐々に変えていく必要があるでしょう。

お腹の調子で感情が左右

調子がいい、元気であるのは、共生のバランスがうまく取れているからだということが、徐々に見えてきたことと思います。

こうしたバランスの目安としては、腸内細菌との共生という点で言えば、お通じがよくなる、肌がキレイになるといったことが挙げられますが、私はそれ以上に「幸福感がどれくらいあるか」「やる気がどれくらい湧いているか」が重要だと感じています。

腸内細菌と脳の幸せ物質（セロトニン、ドーパミン）の関わりについてすでに述べてきた通りですが、人と会いたくなくなったり、わけもなくイライラするというのは、「自分のお腹（腸）に答えがある」場合が多いのです。

こうした言い方をするのは、イライラしたり、うつ病になったりする原因を普通は外部の人間関係などに求めようとすることがほとんどだからです。

たとえば、私個人でも相手と穏やかに話をする時もあれば、イライラして心の中で「うるさいな」「早く終わらないかな」と思う時もありますが、それは相手に問題があるわけではなく、要は私の体調によって左右されているのです。

職場に嫌な上司がいたとしても、いつもガミガミとうるさいわけではなく、ある時はものすごく頼りになる存在かもしれません。ヒトにはいろいろな側面があるわけですから、嫌な部分だけをあげつらっても仕方ありません。

それよりも、自分のお腹の調子に目を向けてみることです。そうすれば、「虫の居所が悪い」ことに気づくかもしれません。

カウンセラーは人との関係性を改善しようと必ず言いますが、なかなかうまくいかないのはお腹の中の共生関係を見ていないからです。認知行動療法のような分析的な手法も大事かもしれませんが、単純明快に「もっと腸内細菌を大事にしましょう、そうすれば心も体も調子がよくなりますよ」ということが基本だと思うのです。

腸と心はつながっている

以前は、精神科の先生に挑戦状を突きつけても、まともに議論しようという人が少なくてがっかりしたものですが、最近では精神科の学会に呼ばれる機会が増え、私の話に耳を傾けてくれる専門家も増えてきました。

きっとどこかで風向きが変わったのでしょう。精神科に栄養学を取り入れた療法も広まってきていますから、一頃よりも腸と心の関係を重視する人が増えてきた気がします。日本ではまだまだですが、海外では腸と心の関わりを示唆する実験も行われるようになってきました。参考までに、いくつかの結果を紹介しておきましょう。

まず、カナダのマックマスター大学のJ・フォスター博士らが行った実験では、図3-6のような高架式十字迷路にマウスを入れたところ、正常なマウスよりも無菌マウスのほうが不安を感じていることを示す行動が多かったようです。

また、無菌マウスの脳にある海馬のニューロンではセロトニンの受容体が少なくなっていました。扁桃体のニューロンでは、学習や記憶に関わるグルタミン酸の受容体が少なくなっていることもわかりました。海馬は記憶を司る場所ですし、扁桃体もこの海馬と連携しながら感情の形成に深く関わっていることで知られています。

こうした器官の神経伝達がうまくいかなくなっているわけですから、意欲や認知力そのものの低下が想像できるでしょう。腸内細菌と共生していなくても生存はできますが、その行動は大き

図 3-6 ◎無菌マウスのほうが不安を感じる？

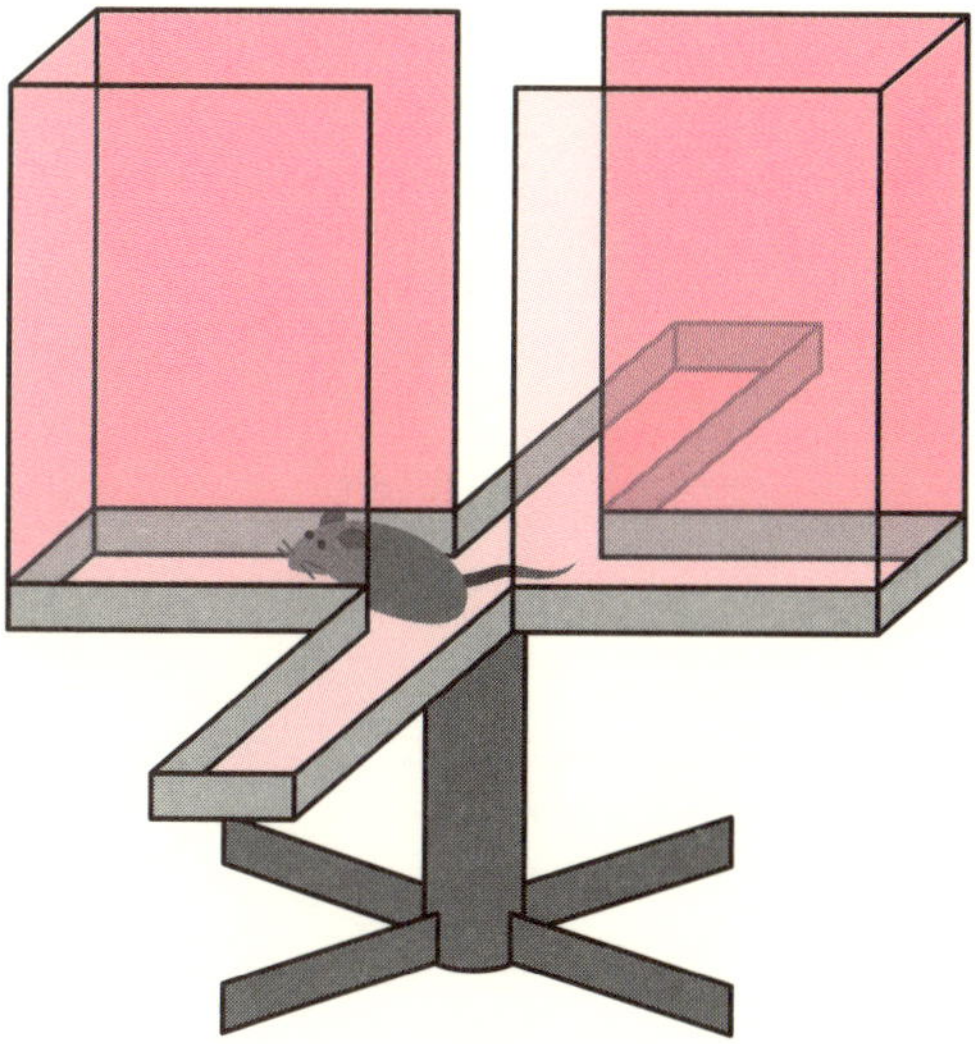

上図のような高架式十字迷路を使った実験で、無菌のマウスのほうが正常なマウスより不安を示す行動が多かったことが確認されています。腸内細菌との共生は、体の健康のみならず、心の健康にも関与していると考えられます。

く障害されてしまうわけです。

また、カリフォルニア大学のG・メイヤー博士とK・ティリッシュ博士らが人を対象にした実験によると、乳酸菌を与えた人のグループでは扁桃体の興奮が抑制され、不安感が少なくなっていることが確認されています。同様に、フランスで行われた研究でも、乳酸菌を与えることで同じような結果が得られたようです。

精神医療のほとんどは薬物治療が中心で、最近では、多剤投与が問題になっていることも報じられています。また、薬物で脳のセロトニンなどの量をコントロールすることは、経験を積んだ医師であっても決して容易なことではありません。

こうした脳のコントロールばかりに重きを置かず、お腹（腸）にまつわることにももう少し目を向けたほうが、治癒効果も上がっていくはずです。「虫の好かない」理由は菌たちが握っているわけです。

菌の種類によって体型が決まる

栄養学に関しても、ここまでお伝えしてきた共生という視点、具体的には、腸内細菌と宿主の共生をもっと重視するべきでしょう。

それは、栄養摂取の面ばかりではありません。たとえば、太ったり痩せたりする原因はカロリーの摂り方にあると言われていますが、いくら食べても太らない人もいるし、逆に少し食べただけでも太る人もいます。それが現実であるにもかかわらず、体重はカロリー摂取量で決まると言っているのは少し変だと思います。

寄生虫のところでも触れましたが、じつはこうした体重の増減にも腸内細菌の存在が深く関わっていることがわかっています。

わかりやすく言えば、太っている人には、それに合った腸内細菌が棲んでいるのです。だから、ちょっと食べても太るようになります。逆に、痩せている人には痩せている人に合った腸内細菌がいますから、いくら食べても太らないのです。

あるいは、タバコを吸うのをやめると太る人がいるのも、食べ過ぎが原因ではなく、腸内細菌の変化が関係しているという研究もあります。スイスのチューリッヒ大学病院のゲルハルト・ログラー教授が明らかにしたものですが、禁煙をすると太っている人の腸内に多くみられる腸内細菌(プロテオバクテリアとバクテロイデス)が増加し、消化されにくい食物繊維をさかんに分解すると言われています(注8)。

つまり、この2種類の菌が働くことで、食べ物が吸収されやすくなり、その分、脂肪も蓄積されやすくなるのです。禁煙後にカロリー摂取を控えていても太ってしまう人がいますが、それは腸内細菌がカギを握っているからだと言えるのです。

腸内細菌が変われば体質も変わる。――こうした話をしてもなかなかピンと来ない人もいるかもしれませんが、それを実際の治療法として取り入れようとしているのが、いまアメリカで注目

図 3-7 ◎「便移植」で難病が治る？

他人の便から抽出した腸内細菌をお腹に入れ、腸内細菌の数やバランスを一気に変える「便移植」。アメリカではすでに治療法として導入されている。

を集めている「便移植」です。

これは、他人の便から抽出した腸内細菌を患者さんのお腹に入れ、腸内細菌の数やバランスを一気に変えてしまう治療法なのです。この方法で痩せた人の腸内細菌を入れると太った人でも痩せはじめることが観察できました。腸内の菌がごっそり入れ替わるため、その腸内細菌に合った体質に労せずして改善がかなうのです。

アメリカでは、治癒が難しいとされている「クロストリジウム・ディフィシル感染症」の患者273人にこの便移植を行ったところ、大腸に移植した人の91・2％が、上部消化管に移植した人の80・6％が治癒したというデータがあります(注9)。

こうした移植をしないまでも、たとえば太った人の連れ合いは太りやすいというように、人づきあいが変わるだけで体質が変わる例も少なくありません。これは一緒に生活していくうちに、相手から菌をもらっていることが考えられます。

握手をしたり、会話をしたりするだけでも、お互いの常在菌は交換されますから、人づきあいは相手との菌のやりとりも意味しているのです。私たちは相手の菌の影響を、知らず知らずのうちに受けていることを知るべきでしょう。

ピロリ菌は悪くない

腸内細菌との共生についてお話ししてきましたが、皮膚や女性の膣の中など、私たちの体の他の部位にも様々な菌が常在しています。

その数が圧倒的に多いのが腸内細菌であるわけですが、私たちの体そのものが他の生物との共生の場になっているのです。そこには宿主に悪さをしでかす悪玉的な菌も少なからずいるわけですが、これまで話してきた通り、こうした菌たちがわけもなく宿主の健康を脅かすようなことはありません。

たとえば、胃にはピロリ菌（ヘリコバクターピロリ）のような強酸性の環境下に耐えられる菌が常在しています。近年、このピロリ菌と胃潰瘍、胃ガンとの関連が取りざたされたことで、検査をして除去したほうがいいと言われるようになりましたが、何でもかんでも除去してしまえば良いわけではありません。

これまでの調査の結果を見ると、何も症状のない人がピロリ菌を除去すると、胃酸が逆流し胸焼けがするなど体の不調を訴える人が多いことがわかっています。ピロリ菌は私たちの体に昔からずっと常在している菌で、胃壁を柔らかくし、胃酸の逆流を抑えてくれる働きもあります。普段は体に役立つこともやってくれているわけですが、宿主の体が弱ってくるとピロリ菌が暴れ出し、胃壁に穴を開けるなどの悪いことをしでかすのです。

ピロリ菌が暴れることで慢性胃炎や胃潰瘍になり、放置しておけばガン化してしまいますから、そうした症状が現れている人は除去したほうがいいのですが、何の病変もない人にまで適応させてしまうと共生のバランスは確実に崩れます。逆流性食道炎ならまだしも、食道ガンになっている率が多いというデータも出ています。

こうした考え方があまり一般化しないのは、もちろん医師側にも問題があります。なぜなら、「ピロリ菌がいると、あなたはガンになりやすい、だから取りましょう」というほうが医師にとっては説明が楽だからです。しかも保険が適応でき、診察報酬も高いのです。

わざわざピロリ菌の検査をして、陽性なのに「何でもないから放っておきましょう」という医師はなかなかいないと思います。ピロリ菌が胃にいることで「リスク」は確かにあるわけですから、多くの医師はお金になるほうを選ぶのです。

しかし、ピロリ菌が悪さをする背景には、その人の生活習慣やストレスの問題など、目を向けなければならない要因が必ずあります。患者さんのそれぞれの生き方にまでじっくり踏み込んで、たとえ病院側にとっては収益につながらないとしても、患者さんの生活習慣などにしっかり目を向けていくべきでしょう。

皮膚の常在菌の反乱

また、皮膚の常在菌についても、本来ならば私たちの体を守ってくれている防御壁のような存在ですが、体が弱ってくると悪さをしはじめます。

その最たるものが院内感染でしょう。皮膚に常在していた日和見菌が、体の抵抗力が弱ってくると、様々な感染症を引き起こします。ＭＲＳＡ（メチシリン耐性黄色ブドウ球菌）のように、抗生物質に対する耐性を持っているものもあり、最悪の場合、肺炎や敗血症などで死に至ります。病院で手術を受けたり、入院しているため、免疫が落ちてしまうことが院内感染を引き起こす原因となります。その背景には、私たちが抗生物質や消毒薬を大量に乱用してきたことに原因があるのです。

どう排除しようとしても菌が完全になくなるわけではないのですから、「きれいにすれば健康が保たれる」という発想を見直すことがまず求められます。結局のところ、大事なのは共生の思想なのです。

とりわけ腸内細菌との共生はその基本ですから、病院にお世話にならない体質を作るためにも、日頃からお腹の調子を良くすることを意識し、基礎となる免疫力を高めておく努力をするべきでしょう。日常生活の見直し、食事の改善などを啓蒙していったほうが、感染症の予防につながることは言うまでもありません。

腸内細菌とサーカディアンリズム

最後に、いま私が注目している腸内細菌とサーカディアンリズム（概日リズム）の関係についても簡単に考えてみましょう。

サーカディアンリズムとは、動植物の運動や生理現象にみられる、約24時間を周期とする内因性のリズムのことを指しますが、私はこうした生理的なリズムと腸内細菌の活動は深く関わって

図 3-8 ◎私たちの体は菌やウイルスだらけ？

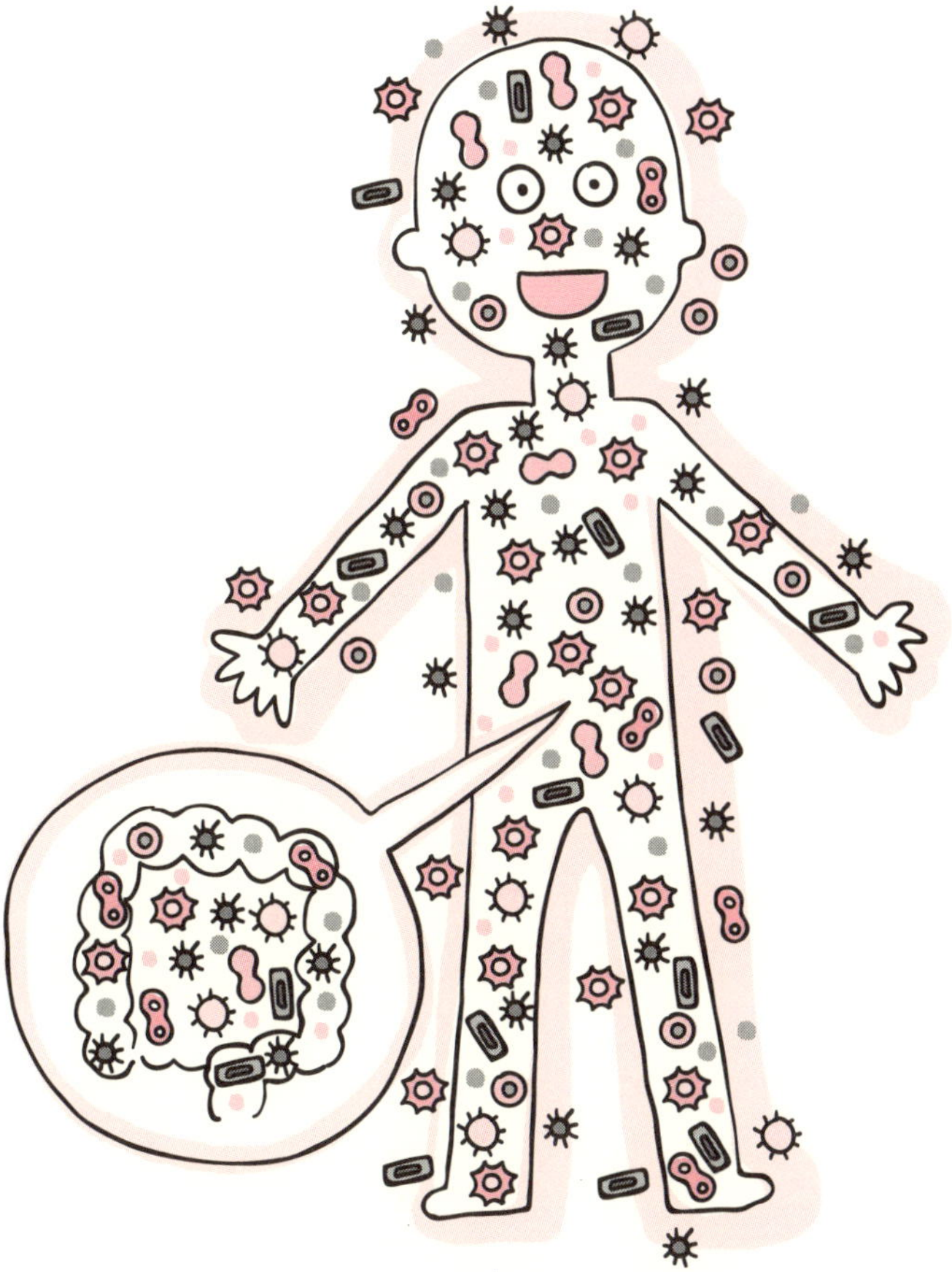

私たちの体には、地球上のヒトの数をはるかに超える、様々な種類の菌やウイルスが共生している。「共生」こそが生きることの最大のテーマだといって過言ではない。

いると感じています。

たとえば、寄生虫については面白い事実がいくつかわかっています。

第1章で取り上げたフィラリアの仲間であるバンクロフト糸状虫は、幼虫（ミクロフィラリア）を夜間に血液中に送り出します。昼間は感染者の肺の中に隠れていて、真夜中になると抹消血液に出てきます。夜中に血液中に出てきた幼虫を夜間吸血の蚊が吸って、その蚊が別の人の血を吸うことでフィラリアが伝染します。

これに対して、同じフィラリアの仲間であるロア・ロア（ロア糸状虫）の幼虫は、昼間にしか末梢血液に出てきません。たとえば、ロア・ロアの感染者を3時間おきに採血すると、昼の12時から午後3時までの間にミクロフィラリアが血液中にどっとあふれ出します。それ以外の時間帯に採血しても、ほとんど見つからないのです。

この理由は、ロア・ロアのミクロフィラリアを吸血するアブは昼間に活動するからです。このようにフィラリアは昆虫の吸血時間に合わせて、幼虫を血液に送り込んでいるわけですから、自然のリズムを理解していると言えるでしょう。

面白いことに、ロア・ロアはアフリカ育ちですが、ロア・ロアの患者さんを日本に連れてくると、ミクロフィラリアは日本の昼に合わせて血液中に出現してきます。日本とアフリカには8時間の時差がありますが、日本に連れてくるとすぐに日本時間に合わせて昼間に出てくるのです。時差ボケに悩まされ、感覚が狂ってしまうヒトよりも、ずっと賢いと言えるかもしれません。

ちなみに、私が奄美大島でフィラリアの調査に駆り出されていた時は、対象になっていたのはバンクロフト糸状虫のほうでしたから、夜中に一軒一軒まわって、住民を叩き起こし、採血するしかありませんでした。気持ちよく寝ていたところを起こされるので、みなすごく不機嫌で、事情を話しても、たいていの場合「出ていけ！」と言われました。新婚夫婦の家を訪ねた時などは変態扱いされ、よく追い出されたものです。

リズムこそが元気の源

話が逸れてしまいましたが、こうした経験があるので、真っ暗闇のなかにいる腸内細菌でも、きっと概日リズムをわかっているのだろうと思うのです。たとえば、睡眠はリズムと深い関わりがあり、夜中に成長ホルモンも分泌されていると言われていますが、菌が関与しているのかもしれません。

あるいは、食事が一日一食でも元気な人がいますが、こうした人は自然のリズムに合った生き方ができていて、食事とはまた別のところで菌たちとの共生関係がうまくやれているのだと考えられます。

たとえば、私たちが一日に3回ご飯を食べるようになったのも、栄養補給という点だけではなく、体内リズムと関係があります。そのほうが調子がいいという人は、そのリズムに腸内細菌が同調できているということです。

スポーツ選手にしても、メジャーリーグで活躍するイチローのように、毎日決まったトレーニングを繰り返すことでコンディションを整えている選手は少なからずいます。この場合も、そうしたほうが生理的にいいという体感があるのでしょう。それは共生している菌がＯＫのサインを出してくれているということかもしれません。

ガン細胞を退治するＮＫ細胞にしても、寝ている時は活性が低いというデータがありますので、免疫細胞にリズムがあることも推測できます。

つまり、免疫に重要な役割を果たしている腸内細菌も同じ法則に従っているのです。

心地よく過ごすことでリズムが生まれ、免疫もプラスに働き、腸内細菌も元気でいられます。そのなかで協力関係が自然と成り立ち、私たちは健康を保つことができるのです。このようにリズムに着目することで、共生の意味がより深く理解できるのだと思います。

COLUMN

すべては「腸」から始まった？

この章でも述べてきたように、動物はもともと口から肛門に伸びる一本の消化管、つまり腸だけで生きてきました。

クラゲやイソギンチャクなどの腔腸動物は脳がありませんから、腸が脳の役割を果たしていたと考えられます。のちに脳へと進化する神経細胞（ニューロン）も、この腔腸動物の腸内で生まれたものだったのです。

また、心臓や肝臓、肺などの内臓器官も腸が作られた後に作られます。発生学で言うと、精子と卵子が受精し、受精卵が形成されると、徐々に分割していき、原腸胚の段階で内側に陥入することで、消化管のもとになる原腸を形成するようになります。

この原腸胚は、陥入とともに内胚葉、外胚葉、中胚葉に分かれていき、それぞれが体の各器官の源になります。つまり、まず消化管となる原腸が形成されることで、ヒトを含めた動物の体が分化していくことになるのです。

もう少し具体的に解説すると、実際に腸へと分化していくのは、3つの肺葉のうち内胚葉になります（次ページ図3-9参照）。

内胚葉は前腸、中腸、後腸に分化し、それぞれが咽頭、食道、胃、小腸、大腸といった形に分かれていくほか、前腸からは肺、肝臓、膵臓が、後腸からは泌尿器系の一部、膀胱、尿道などが生まれます。

心臓などの循環器は、中胚葉に由来していますが、原腸が消化管の起源に当たりますから、発生としては腸の後になります。また、のちに脳になる神経系ついては、外胚葉から形成されていきます。

図 3-9 ◎外肺葉，中胚葉，内胚葉

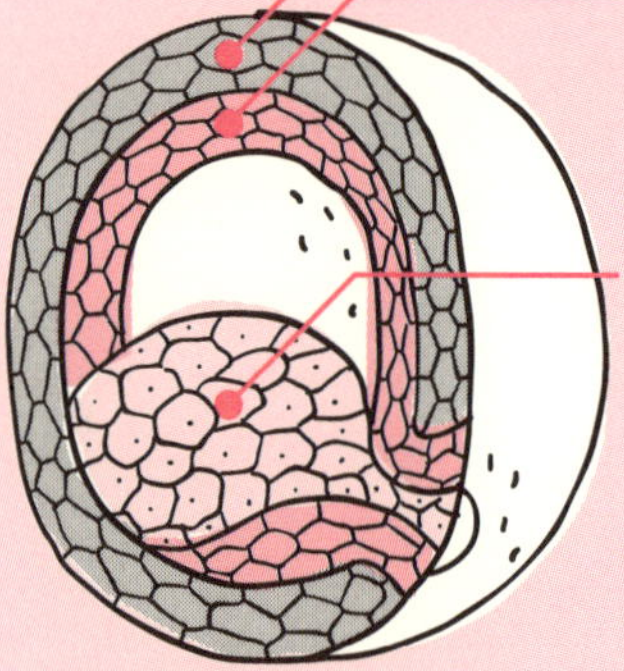

こうした器官の発生は、「個体発生は系統発生を繰り返す」という言葉の通り、ヒトの個体発生でも同様のプロセスを見出すことができます。ここでもやはり、最初に腸が作られ、脳や心臓は後から作られるのです。

私たちは、食べなければ生きていけませんから、まず消化管＝腸が先に作られ、そのうえでさらに必要な器官が分化していくということなのかもしれません。

第4章

……共生を支える「エピジェネティクス」とは

遺伝子の配列がすべてではない

ここまで「共生」をテーマにヒトと寄生虫や微生物との関わりについて述べてきましたが、この章では遺伝子にまつわる話題を絡めていきたいと思います。

キーワードとなるのは、いま、分子生物学の分野で大きな注目を集める「エピジェネティクス」という概念です。

エピジェネティクス（epigenetics）とは、「別の」「後から」といった意味を持つ「エピ」（epi）と、遺伝学を意味する「ジェネティクス」（genetics）を合わせた造語で、日本語では「後天的遺伝子制御変化」などとも呼ばれています。そして、このエピジェネティクスによって変化した遺伝情報が「エピゲノム」（後天性遺伝情報）です。

こうした言葉を並べると難しく感じるかもしれませんが、要は「遺伝子の配列によって生物の振る舞いや生き方がすべて決まってしまうわけではなく、そこには後天的な要素も大きく影響している」ということです。経験則として考えればわかる話だと思いますが、それが近年、科学的にも明らかになってきました。

逆に言えば、これまでの科学では「すべてが遺伝子の配列によって決まる」という捉え方が主流でした。エピジェネティクス的な発想がまったくなかったわけではないでしょうが、親から子供へと継承される遺伝子にこそ、生命の本質が隠されていると多くの学者が考え、遺伝子解析が盛んに進められてきました。

少しだけ遺伝子研究に関する科学の歩みをたどってみましょう。

親から子へ個体の持つ性質が伝わるという記述は、1859年に刊行されたダーウィンの「種の起原」の中でも述べられていますが、画期的だったのは、1953年、ワトソンとクリックによるDNAの二重らせん構造の発見だったと思います。

以来、「DNAに記録されている遺伝情報によって個体が表現される」という考え方が、すべての生物に共通する「セントラルドグマ」(基本原理)として認識されるようになり、DNAからRNAに遺伝情報が転写され、これがタンパク質に翻訳されるという流れが一般にも広まっていきました。

DNAからRNAへの流れは一方通行のものであり、「氏か育ちか」という話で言えば、「氏」のほうが絶対視されてきたのです。

その後、遺伝情報がRNAからDNAに伝わって上書きされる「逆転写」の仕組みも明らかになり、エイズウイルスなどはこの仕組みを使って感染した細胞のDNAを乗っ取ってしまうこともわかってきました。

このように遺伝子の情報の流れが一方通行とは言えないことが確認されていったわけですが、現実の研究では遺伝子解析のほうに重きが置かれ、解析が安価に行われるようになってくることで、1990年代には、ヒトの遺伝子をすべて解読する「ヒトゲノム計画」も打ち立てられました。

ところが、この解読の過程で意外な事実が明らかになったのです。

決め手は「環境からの信号」

ヒトゲノム計画は、世界中から多くの研究者が参加した一大プロジェクトで、当初は人体を構成する10万種類以上のタンパク質の一つ一つに対応する遺伝子と、それに2万種類ほどの調整遺伝子を合わせた12万種類ほどが想定されていました。

この遺伝子の全体像を知れば生命の本質が浮かび上がってくると期待されたわけですが、蓋を開けてみると、タンパク質をコードする遺伝子はゲノム（すべての遺伝情報）のわずか2％であり、その数はたった2万5000個しかないことがわかったのです。

私が過去の研究で何度も扱ってきた線虫は、1000個ほどの細胞からなる単純な生き物ですが、この線虫のゲノムでも約2万個あるのです。チンパンジーのゲノムが2万2000個あまりで、ヒトのゲノムと98・8％が同一です。

要するに、ゲノムの数で言うと、ヒトもサルも線虫も大して変わらないということです。しかも、タンパク質の合成に関わっている遺伝子はわずか2％ですから、その残りの大部分が使われない「ガラクタ」の遺伝子（ジャンクDNA）と言われています。

ヒトゲノム計画が2003年に終了後、このジャンクDNAに関する研究が進められ、ガラクタだと思われていたゲノムの80％は意味があるものだということを、P・カルニンチ博士が2005年に「サイエンス」で発表しました(注10)。また、ノーベル生理学・医学賞受賞者であるJ・レーダーバーグ博士が2000年に、「ヒトはヒトゲノムとヒト常在菌叢《そう》ゲノムから成り立つ超有

図 4-1 ◎遺伝レベルでは変わらない？

	細胞数	ゲノム数
ヒト	約 60 兆	約 25,000
チンパンジー	約 60 兆	約 22,000
線虫	約 1,000	約 20,000

タンパク質をコードするゲノムは全体のわずか２%。しかも、ヒトもチンパンジーも線虫も数において大差はない。生物の進化は、遺伝子の配列だけで語りきれないことがわかるだろう。

機体である」という概念を発表しています(注11)。そのことから考えると、私は「ジャンクDNAは私たちの腸に共生している腸内細菌の遺伝子であるのではないか」と思っています。

不確定要素が大きいことには変わりありませんが、「遺伝子の配列によってすべてが決まる」というセントラルドグマが成り立たない、「氏か育ちか」ということで言えば、氏がすべてではないということです。

つまり、「氏」よりも、むしろ「育ち」が重要なのです。後天的な要因のほうが、私たちの生命活動に深く関わっています。遺伝子の働きを重ね合わせるならば、**遺伝子そのものの変化より、眠っている遺伝子がいかに発現するか、スイッチがオンになるかが重要**でしょう。

こうした遺伝子のスイッチの「オン・オフ」の決め手となるのは、「環境からの信号」です。外部環境からの信号（刺激）が転写因子と呼ばれる調節タンパクに作用して、遺伝子を活性化したり、不活性化したりしています。こうしたプロセスが、エピジェネティクスの概念として注目されるようになってきたのです。

すべての遺伝子が解明されれば、病気の原因が解明され、近い将来には遺伝子検査によるオーダーメイドの医療が一般化するはずです。――これまではそう考えられていましたが、同じゲノムであったとしても、後天的な環境因子によってゲノムが修飾され、個体の形質が変化することも十分にありえるわけです。

共生によって成り立っているこの自然界の仕組みと同様、人間の知恵でコントロールできるほど、事は単純ではなかったのです。

腸内環境もエピジェネティクス

たとえば、ガンを引き起こす遺伝子があることがわかっていますが、実際調べてみると、こうしたガン遺伝子の異常によって生まれるガンは5％くらいしかありません。残りの95％は、環境因子によるものなのです。

ガンの原因については、日本人の場合、「喫煙」「アルコール」「食生活」「肥満」「運動不足」「感染」と、そのほとんどが生活習慣に起因するものです（国立がん研究センター調べ）。感染にしても、免疫力がキープできていれば防げるわけですから、広い意味では生活習慣との関わりが指摘できるでしょう。

要するに、遺伝子より環境なのです。「共生」というこの本のテーマをふまえた場合、ここでいう環境要因のなかには、当然、腸内環境も深く関わってきます。

たとえば、イタリアの都市部で低食物繊維・高エネルギー食を摂っている子供の便と、アフリカで高食物繊維・低エネルギー食を摂っている子供の便を調べた研究によると、イタリアの子供の便からはフィルミクテス門の細菌が、アフリカの子供の便からはバクテロイデス門の細菌が多く検出されたといいます(注12)。

どちらも日和見菌なのですが、フィルミクテス門は脂質や高タンパクが好きで、バクテロイデス門は食物繊維が好きなのです。仮に同じ環境で暮らしていても、高タンパク・高脂肪のものを食べていると、フィルミクテス門の細菌が増え、肥満を引き起こす遺伝子がオンになり、ちょっと食事をするだけで簡単に太ってしまうわけです。

これは、前章で紹介した「便移植」の話にもつながってくると思いますが、**太るということは食品中のカロリーの摂取量が多いか少ないかではなく、「どういう腸内細菌が棲んでいるか」によって大きく変わってくるということ**です。

言い換えれば、高食物繊維・低エネルギーの食事を続けていけば、フィルミクテス門の細菌が減り、結果的に肥満が解消されたり、太りにくい体質になったりするのです。

あるいは、アグーチイエローと呼ばれる系統のネズミは、遺伝子の中に余分なDNAの断片があるため、肥満体で体毛が黄色い特徴があることで知られています。

このネズミに、ビタミンB12や葉酸、コリンなどを与えると、体毛が褐色で痩せた子どもが生まれてくることがわかっていますが、これは肥満を引き起こす余分な遺伝子がこれらの栄養素に

図 4-2 ◎肥満の決め手は腸内細菌

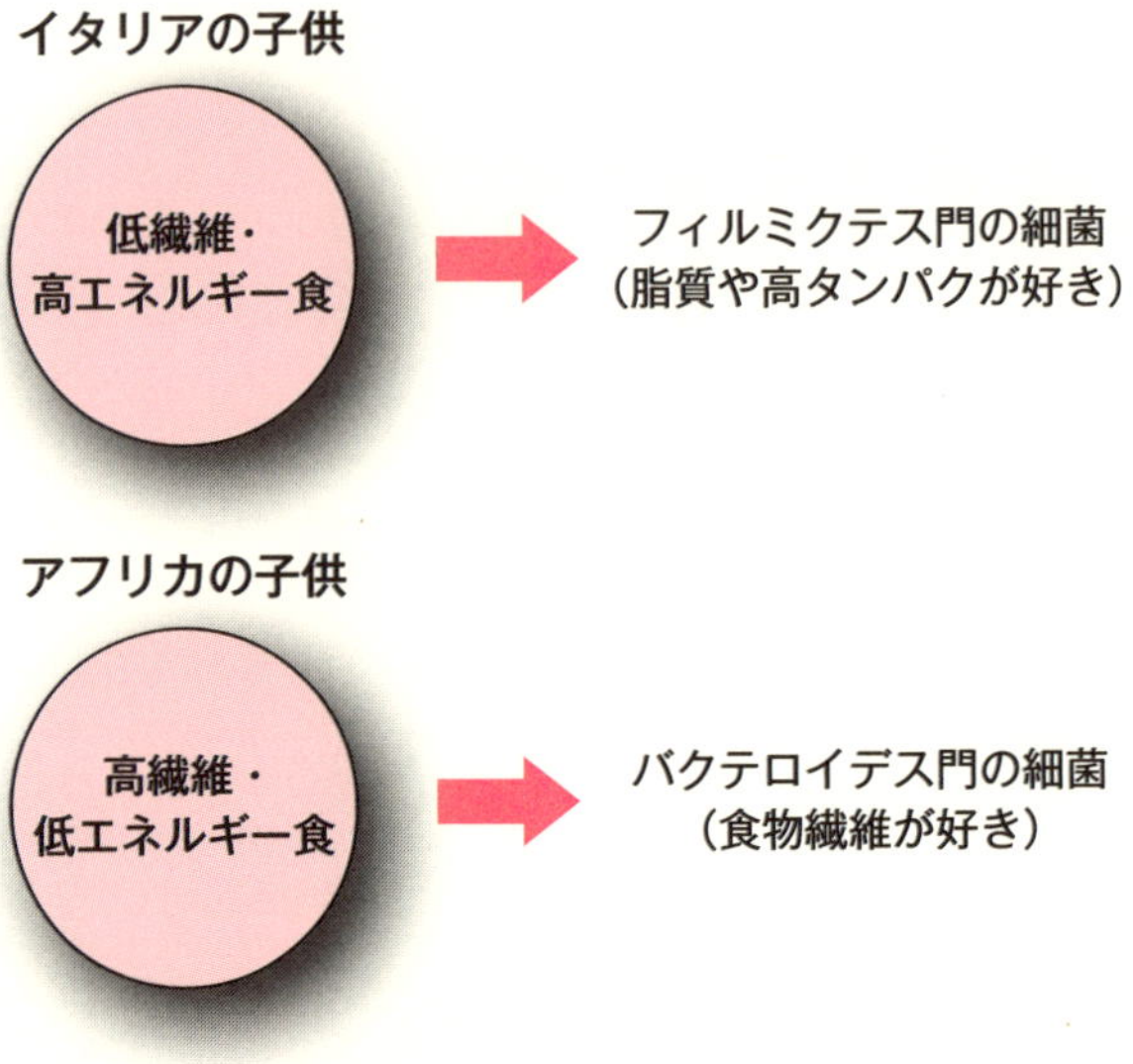

太るかどうかは腸内細菌が決める！

食生活が違うイタリアとアフリカの子供の便を比較すると、腸内細菌の種類が大きく異なっていることがわかりました。体型は遺伝によって決まる面が大きいと思われがちですが、実際には食べ物の内容や腸内細菌の数などに左右されるケースのほうが多いのです。

よって不活性化されたということでしょう。

太りやすい体質は遺伝的な要因のように思われがちですが、食べ物の内容によって腸内細菌が増えたり、栄養素そのものが直接影響を与えたり、遺伝要因以外のことが数多く出てきます。こうしたエピジェネティックな要因によって形質が変化することのほうが、実際には多いのです。

病気の遺伝子があっても長生き

環境因子が生き物に及ぼす影響の大きさについては、2010年に刊行されたアメリカの科学アカデミー紀要（PNAS）に、生活習慣病の危険因子が長寿に及ぼす影響について調べた、とても興味深い論文が掲載されています(注13)。

これは、ベークマン・M博士が100歳以上の長寿者の約1700人について遺伝子領域の全ゲノムを解析し、どういう人がどういう病気になっているかを調べたものですが、驚いたことに、病気のリスク遺伝子の保有率を見ていくと、若年群のグループとまったく差がないことがわかったというのです。

たとえば、生活習慣病に該当する22の主な疾患を引き起こす30のリスク遺伝子について調べたところ、一人ひとりが持っているリスク多型の頻度は平均で27〜28個、そこには年齢による差は見られませんでした。

つまり、長寿者も若年者と同じように病気の遺伝子を持っていたのです。だからといって、長寿者群は生活習慣病にかかったわけではなく、長寿を保っていました。リスク遺伝子の数の多さが生活習慣病の発症につながるとは必ずしも言えないわけです。

これまでは、「長生きする人は、生活習慣の良し悪しだけでなく、病気を起こすリスク遺伝子そのものが少ないはずだ」と考えられてきたわけですが、そんなことはまったくありません。遺伝子が寿命を決めていたとは言えなかったのです。

ガンになりやすい遺伝子を持っていても、ガンになって早く死ぬとは限らないのです。ガンになる人だけがガン遺伝子を持っているわけではなく、それ自体は誰もが持っているのですが、それが発症につながるとは限らないのです。前述したように、一部には遺伝性のガン（家族性腫瘍）もありますが、多くの人にとっては、やはり生活習慣や栄養状態のような環境因子のほうが重要なのです。

日本人全体を見ても、生活習慣病のリスク遺伝子の保有率はいまも昔も変わりはありませんが、百寿者の数はわずか半世紀で約３００倍くらいに増えています。同時に、糖尿病になる人も１００倍くらいに増えています。

寿命はグングンと延びていますが、糖尿病になる人も増えています。ここ数十年という短い期間に遺伝子が大きく変わることはあり得ませんから、これはもう環境因子を考えるしかありません。近代から現代へと至る社会の急激な変化は、良くも悪くも、私たちの体にエピジェネティックな影響をもたらしたのです。

エピジェネティクスのプロセス

エピジェネティクスがいまなぜ重要視されているのか、徐々に見えてきたと思いますが、実際にどういうプロセスで起こるのでしょうか？　そのカギを握っているのは、「DNAのメチル化」であり、「ヒストンのアセチル化」です。

まず、DNAはアデニン、グアニン、チミン、シトシンという4種類の塩基から成り立っていますが、このうちのシトシンにメチル基がついて、5-メチルシトシンになると、遺伝子のスイッチはオフになることがわかっています。この「DNAのメチル化」が起こると、遺伝子があっても発現しなくなるわけです。

また、DNAにはヒストンという球状のタンパク質が巻き付いていて、DNAを核内にうまく収納させていますが、このヒストンにアセチル基がつくと、DNAからヒストンが露出して、スイッチがオンになります。

アセチル化の低い状態（脱アセチル化）が続くと逆にオフになるなど、そのメカニズムは複雑で、十分に解明されていないところもありますが、こうした変化には環境要因が不可欠であるという点は間違いないようです。

たとえば、フロリダ州立大学のモハメド・カバジ博士のグループが、プレーリーハタネズミの脳の中隔側座核という部位にヒストンの脱アセチル化を抑制する薬を与えた実験が2013年6月の「ネイチャー」に掲載されています(注14)。

図 4-3 ◎エピジェネティクスのしくみ

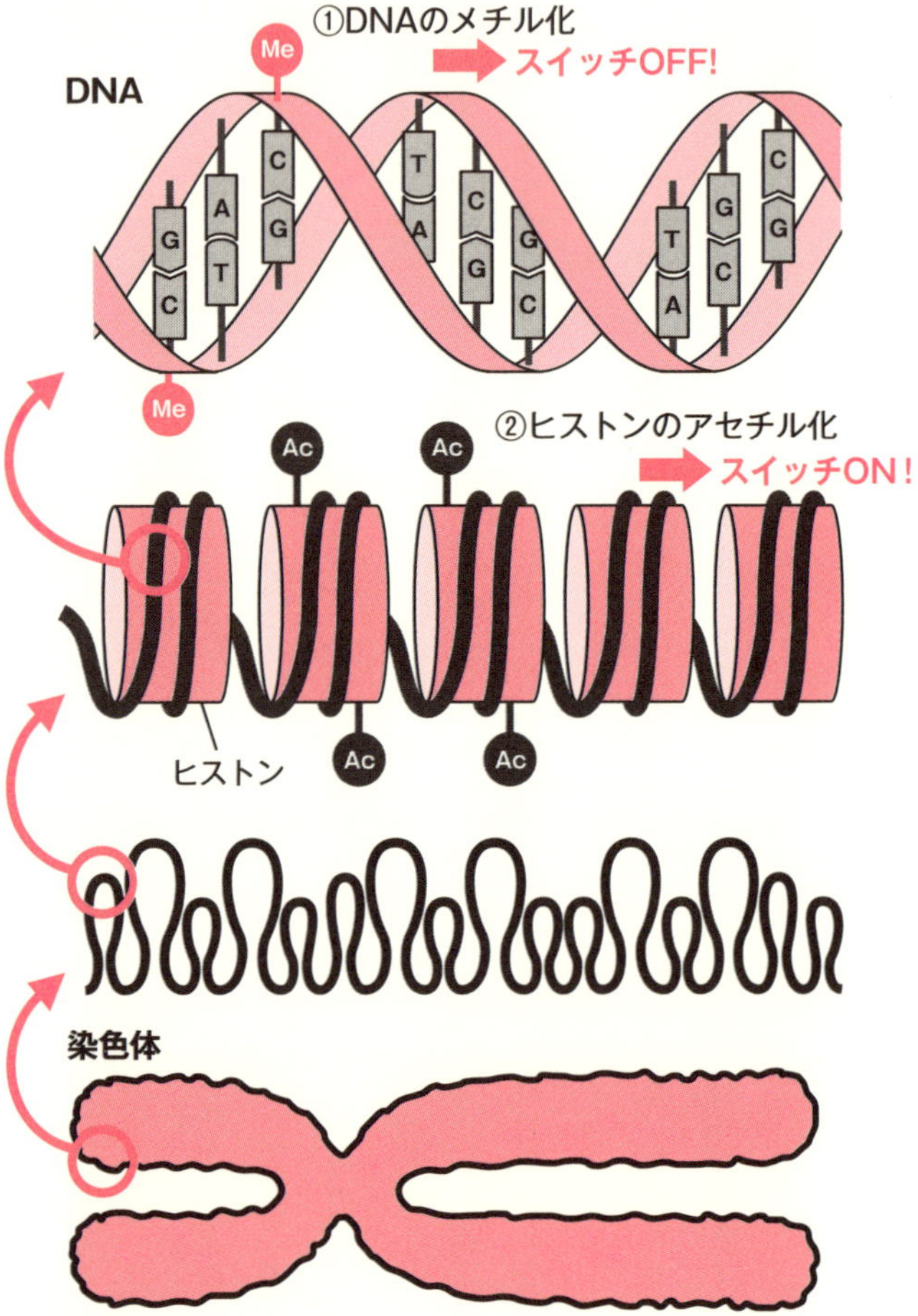

細胞内の染色体は、ご覧のようにDNAがヒストンという球状のタンパク質に巻き付く形で構成されている。エピジェネティクスには、①DNAのメチル化と②ヒストンのアセチル化が関与していると考えられている。

中隔側座核は、快感を生み出すうえで重要な役割を果たす器官として知られていますが、この実験では、薬を与えられたプレーリーハタネズミにいわゆる恋愛ホルモン（オキシトシン、バソプレシン）の受容体の増加が確認されています。

この受容体は、プレーリーハタネズミが交配している時にも増加することがわかっていますから、ヒストンの脱アセチル化がつがい形成に関わる遺伝子のスイッチをオンにしたことが示唆されたと言ってもいいでしょう。

しかも面白いのは、6時間の共同生活をセッティングしないと、いくら薬を与えてもつがいは形成できなかったという点です。薬で人為的にヒストンの脱アセチル化を抑制しても、それだけでは遺伝子がオンにならなかったのです。

この実験にかぎらず、面倒見の良い母親に育てられた子ネズミは、そうでない子ネズミに比べて優しく、母親になっても面倒見が良いことなどもわかっています。要するに、愛情や慈しみ、あるいは、もう少し広い意味で捉えた「愛を育む環境」が、遺伝子の発現に影響を及ぼしているということでしょう。

実際、面倒見の良い母親に育てられた子ネズミの脳は、糖質コルチコイド受容体のメチル化が少なくなっていることも確認されています。

先ほどのアグーチイエローと呼ばれるネズミにしても、特定の栄養素を与えることによってDNAのメチル化がうながされ、その結果、太ったり、体毛を黄色くさせたりする遺伝子がオフになるという反応が起こっているのでしょう。

愛情と呼ばれるものも、私たちの遺伝子をオンにしたりオフにしたりする「環境からの信号」に他ならないことが見えてくるのではないでしょうか。

遺伝子検査でリスクは摘めるか

ここまでエピジェネティクスについて、様々な事例を挙げながら述べてきましたが、セントラルドグマの考え方が全盛だった時代であっても、環境要因がまったく無視されてきたというわけではは、もちろんありません。

たとえば、どんな生物も単一の細胞から出来ていますが、受精をし、数十兆もの細胞へと分化していく過程で、あるものは脳になり、あるものは臓器になり、あるものは筋肉や骨になっていきます。こうした分化のプロセスは遺伝子の指令だけではとても決められません。個々に分化に必要なゲノムの遺伝子をオンにしたり、不要な遺伝子をオフにしたり、無数の調整がどうしても必要になってくるからです。

生物の発生から分化のプロセスをたどっていくだけでも、環境因子の重要性には気づいていたはずですが、根幹にあるエピジェネティクスのしくみが解明されるようになったのはごく最近のことです。その間、科学の世界はゲノムの解明に向かっていき、近年では、遺伝子検査などが広まりつつあることは、すでに述べた通りです。

よく知られているところでは、ハリウッド女優のアンジェリーナ・ジョリーさんが、遺伝子検査により乳ガンになりやすい変異が見つかったことから、ガンが発症していない段階で手術を受け、乳房の一部を切り取っています。

当時37歳、一人の女性として見ても、若さと美しさにあふれた年代です。最終的にはインプラントによる再生手術で美しい乳房を取り戻したとのことですが、手術を受ければ胸の感覚はなくなり、授乳もできなくなります。将来のガンのリスクを回避する目的だったとはいえ、驚いた人も多かったのではないでしょうか?

2013年5月14日付けの「ニューヨークタイムズ」に掲載されたジョリーさん自身の手記によると、手術に踏み切った要因は「BRCA1」というガン抑制遺伝子に変異が見つかり、医師から「将来的に乳ガンになる確率は87%、卵巣ガンになる確率は50%」と宣告されたことが大きかったようです。

手術によって87%の発症率が5%に減少したと言われていますが、手術をしてもガンの発症がゼロになったわけではありません。エピジェネティクスの視点をふまえたら、この確率がどこでどう変化するかも不確定でしょう。

前述したように、ガン遺伝子を持っていたとしてもオンにならなければガンにはならず、ガンが発生したとしても無限に増え続けるとは限りません。生活習慣や食事の内容などを変えていくことでオンがオフになることも十分にありえるわけですから、遺伝子検査でリスクを摘み取ることがガンの予防になるとは言い切れないでしょう。

遺伝子の配列は、親から受け継ぎ、先天的に定められたものですが、それは自分自身の後天的な努力によって操ったり、変化させたりできうるものなのです。

メディアの報道では、彼女の勇気を称賛する声も少なくないようですが、「確率というものはあまり当てにはならない」というのが、エピジェネティクスの考え方から見えてくる自然のすがたに他なりません。乳ガンの予防切除ができる病院を紹介したりするよりも、もっと違った形で病気の予防法を伝えていくべきでしょう。

共生とは対極の発想

ここ数年、エピジェネティクスについて注目が集まり、関連書の刊行も増えてきましたが、メディアを含めた一般の世界では、まだまだセントラルドグマという古い常識が幅を利かせていることが見えてきたと思います。

環境因子に多くの原因があるといっても、「生活習慣を見直すことで病気の予防につながる」という言い方は少々漠然としていますから、「あらかじめ切除したほうがガンのリスクが減る」と言われたら心が揺らぐ人も多いのかもしれません。

正常な細胞まで危険だからと切除してしまうような発想は、おかしいと思うのが普通ですが、ヒトは恐怖をおぼえてしまうと、そうした選択もしかねません。実際には遺伝子によって病気が発症したり、健康寿命に影響が及んだりすることはほとんどないのに、見えないところですべてが決まっているような感覚にとらわれてしまうのです。

残念ながら、そこには共生の思想が入ってくる余地はありません。エピジェネティクスの根幹には共生の思想があるはずですが、目先のリスクを回避したり、楽で便利な方法を優先したりという、現実はこの共生を壊してしまう方向で進んでいます。人類は滅亡への道に向かっているといっても間違いではないでしょう。

なぜ、こんなおかしな方向に進んでしまうのでしょうか？　それは、脳の働きが優位になると、実際には不快な環境であったとしても、人はそれを受け入れ、当たり前に思ってしまうところがあるからでしょう。頭は麻痺してしまって問題を感じませんが、肝心の体は蝕まれ、環境も悪化していきます。――そうした負の連鎖を断ち切るには、まず一人ひとりが共生の思想を受け入れなくてはなりません。「自然界が共生によって成り立っている」という事実を理解していかないと、何も改善されないと思うのです。

たとえば、第1章でO-157の話をしましたが、ひどい食中毒を引き起こすこの菌も、もとは牛の第一胃に棲んでいた大腸菌だったわけです。そこでは病原性を発揮することなく、宿主と共生していたのですが、ヒトがウシを早く育てようと考えて、牛に栄養価の高いトウモロコシを食べさせるようになりました。その結果、胃が酸性に傾き、その酸性の環境に耐えられるように遺伝子を変化させたのがO-157なのです。

このようにヒトの都合を優先させていくことで、牛海綿状脳症（ＢＳＥ）のような恐ろしい病気も生まれました。牛は草食動物なのに、牛骨粉をエサに混ぜて食べさせていたのです。

こうした共食いを強いた結果、プリオンという異常なタンパク質が生まれ、それがヒトにも感染していきました。人間のエゴで共生を疎外するような条件を作ってしまうことで、結果として、恐ろしい病気が蔓延することになったのです。

常識を逸脱した「プリオン」

それにしても、ＢＳＥのような病気を調べていくと、共生とはまさに対極の方向に進んでしまったヒトの生き方が浮き彫りになってきます。

ＢＳＥが怖いのは、原因物質であるプリオンに免疫がまったく対処できないという点です。

それまでの感染症であれば、免疫がしっかり働いていればはね除けられますし、抗生物質やワクチンが効けばそれで収まりますが、プリオンはそんな人の努力を簡単に飛び越え、神経細胞、そして脳を破壊してしまいます。

簡単に言えば、どんなに免疫力があって元気であろうが、「プリオンが暴れ出したらおしまい」ということです。プリオン自体は普通の動物にも見られますが、病原性、感染性を持った異常プリオンが現れると正常プリオンに感染していき、それを止めることができなくなり、脳細胞がスカスカになる海綿脳症が引き起こされます。プリオンは、煮ても焼いても感染性を失いません。

ヒトの免疫力を完全に超えてしまっているのです。

そもそも、生物でもないタンパク質が増殖していくということは、セントラルドグマから大きく逸脱した異常事態にほかなりません。そのメカニズムはほとんどわかっていないのが現状です。

しかも、よく似た病気は、もともと牛だけではなく、人の脳を食べる風習があるニューギニアの高地民にも確認されていました。これは、クールー病と呼ばれ、潜伏期間が10～50年とかなり長いのですが、発症するとやはり脳がスカスカになり、体が震え、動けなくなり、一年ほどで亡くなってしまいます。イギリスで発生したクロイツフェルト・ヤコブ病も、原因はハッキリわかっていませんが、異常プリオンの増殖で引き起こされ、脳がやられてしまう点では、クールー病や狂牛病と変わりありません。

クールー病にかかったニューギニアの人たちは、ヒトの脳を食べていたということですが、かくいう私も、中国でサルの脳みそを食べたことがあります。若いインターンの頃、香港でロシア系の暴力団のボスと仲良くなり、ご馳走してもらったのですが、トロッとしていてとても美味しかったのを覚えています。

もちろん、ヒトに近いサルの脳みそを食べたわけですから、医学的に見たら、まったくほめられた話ではないでしょう。日常的に食べていたら、異常プリオンが蓄積され、脳がスカスカになることもありえます。アフリカではミドリザルの脳も食べたことがありますが、こちらはエイズ感染のリスクがあると言われています。

図4-4 ◎病気を引き起こす「異物」たち

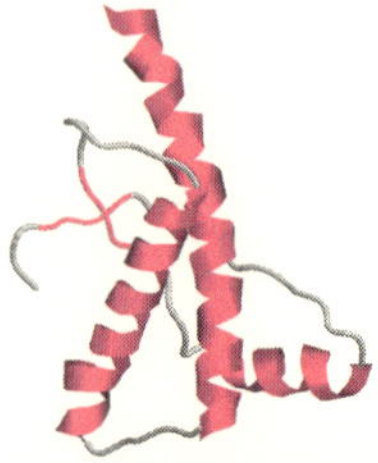

プリオン

タンパク質の一種だが、感染性を持った異常プリオンが生まれると、生物のように増殖し、脳細胞が破壊されてしまう（イラストは正常なプリオン）。

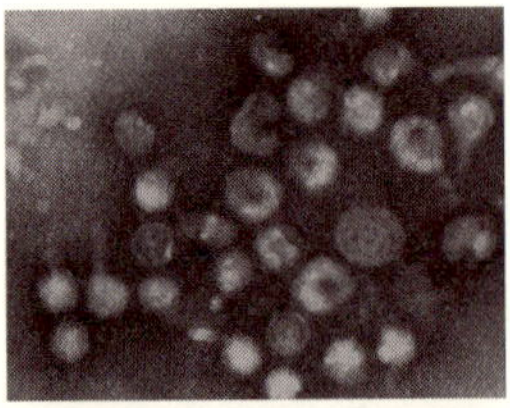

ウイルス

自ら代謝せず、生物に寄生してエネルギーを横取りすることで増殖していく。そのため生物とは見なされていない（写真はインフルエンザウイルス）。

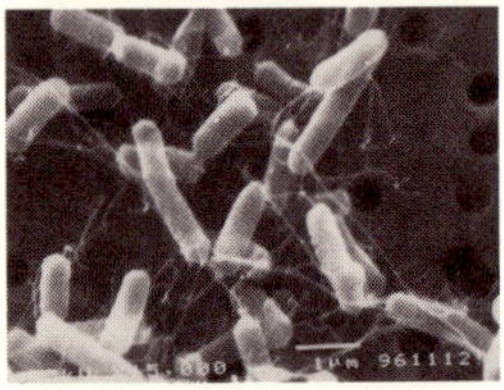

細菌

ウイルスとは異なり、自ら代謝し、増殖していく。このうち病原性を持った細菌が体内に侵入することで、感染症が引き起こされる（写真は病原性大腸菌O-157）。

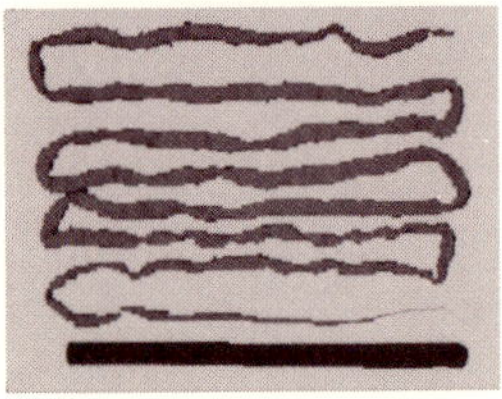

寄生虫

多細胞の寄生生物のうち動物の仲間を総称している。通常、宿主と共生しているが、別の生き物の体内に入り込むと病気を引き起こす（写真は日本海裂頭条虫）。

要するに、共食いや共食いに近いことをすると病気が生まれる恐れがあるわけですから、生き物が共食いしないように、生物界では決められているのかもしれません。人としてやってはいけないことをやり続けてきた結果としてＢＳＥが現れたことを考えれば、それは自然界のルール違反と言っても間違いではないでしょう。

ちなみに、第1章でコアラやパンダの例を挙げたように、動物たちは自分の便や母親の便を食べたり、舐めたりしますが、系統的にサル以上の高等動物になると、そうした習慣はなくなり、異常な行動と認識されるようになります。

実際、自分のウンチを食べてばかりいたら体がおかしくなるでしょう。共食いがダメなのと同じように、高等動物では自分のウンチを食べないようになっているのです。進化するほどに、自分に近いものを食べると病気になるというルールが適用されるのかもしれません。

恐ろしい遺伝子の水平移動

ヒトが共生の世界から遠ざかってしまった例としては、農業の分野で起こっている遺伝子組換えなどの問題も無視できないでしょう。

私が危惧するのは、様々な種類の遺伝子組換え食品が地球上にばらまかれていくことで、生態系全体にどんな影響が及んでしまうのかということです。あまりに複雑すぎて、私たちの限られた思考ではとても予測ができないからです。

なにしろ、遺伝子は一つの生き物、一つの細胞に固定されているものではなく、生物の種や種間で水平移動することがしばしば確認されています。生き物どうしの情報交換は思っている以上にボーダレスなのです。

つまり、遺伝子組換えをした食品の安全性ばかりが問題にされていますが、他の作物、他の生き物にも影響が及ぶことは十分にあるということを知らなければなりません。

実際、遺伝子組換えしたナタネからハマダイコンへの遺伝子の水平移動、大豆とツルマメの交雑などがすでに指摘されています。

２００２年に行われたイギリスの実験では、除草剤耐性を持つ遺伝子組換え食品を摂取することで、腸内細菌に耐性遺伝子が伝播することも明らかになったようです。

遺伝子操作に使っている遺伝子は、動物でも植物でも何にでも使える性質がありますから、バッタの遺伝子を大豆に入れたりすると、近い将来、ピョンピョンと飛んで逃げる大豆が作られてしまうことも起こるかもしれません。

冗談のように思えるかもしれませんが、「そんなことはありえない」とは言い切れないところが遺伝子組換えの恐ろしいところです。

目先の利益追求によって、取り返しのつかないことが起ころうとしているのが、この世界の現実なのです。ここでも、共生を忘れてしまい、大きなしっぺ返しを食らおうとしているヒトの業のようなものが見えてくるでしょう。

ヒトに宿った「共生する力」

共生の世界からだいぶ遠ざかってしまった私たちの現実が見えてきたと思いますが、だからと言って、ヒトを自然界の厄介者、異物のように見なしてしまうのも問題かもしれません。意外に見落とされてしまっていることですが、**ヒトという存在には他の生き物以上に「共生する力」が備わっており、他の生き物との共生を積極的に進めてきたからこそ、ここまで進化することができたという側面があるから**です。

大きなカギを握っているのは、この本で共生のキーワードとして繰り返し取り上げてきたミトコンドリアであり、腸です。

第1章で、私たちの祖先にあたる原始細胞が、後にミトコンドリアになるアルファプロテオバクテリアを寄生させたことが共生の第一歩だったと述べてきました。ここで注目したいのは、「**ミトコンドリアとの共生が、生き物が生きて死ぬこと、すなわち『寿命』と深く関わり合っている**」という点でしょう。簡単に言えば、生き物の寿命はミトコンドリアの共生によって始まったのです。

ミトコンドリアは非常に効率的なエンジンで、単細胞の小さな生き物がここまで複雑な生き物に進化できたのは、このエンジンの優れた性能のおかげです。しかし、ただ進化し、成長できたというだけで済んだわけではありません。

解糖エンジンのみで生きていた細菌たちは、ただ自己を延々と複製するだけの存在でした。しかし、**ミトコンドリアと共生を始めた生き物は、成長と引き換えに個体としての死を受け入れる**

ようになったのです。それは、**自らの遺伝子を継承させるため、生殖によって子孫を残す必要に迫られるようになった**からです。

こうした寿命のバロメーターとして知られているのが、細胞の核内、DNAを構成している染色体の両端にある「テロメア」と呼ばれる構造物です。

ヒトのテロメアの場合、TTAGGGという配列が1万〜1万5000塩基ほど繰り返されていますが、細胞が分裂すると、この配列が少しずつ失われ、5000塩基くらいになったところで細胞分裂が起こらなくなって、死に至ると言われています。1年で50塩基ずつ減っていくというのが基本とされていますから、大きな病気をしなければ、ゆうに百歳まで元気に生きられることになります。

逆に言えば、病気をしてしまうとテロメアの短縮が加速されることになりますが、その最大の要因となるのが活性酸素の存在です。

ミトコンドリアは酸素をエネルギー源にしているので、エネルギーを生み出す過程で細胞を老化させる活性酸素が生じてしまいます。私たちの細胞には、SOD（スーパー・オキシド・ディスムターゼ）のような活性酸素を除去する酵素が備わっています。しかし、ストレスが多すぎると対処しきれず、活性酸素はさらに体内に増えてきます。

つまり、ストレスが増すほどにこうした抗酸化が追いつかなくなり、塩基配列の分解が進んで、寿命がどんどんと短縮されていってしまうのです。

図 4-5 ◎ミトコンドリアが寿命を生んだ

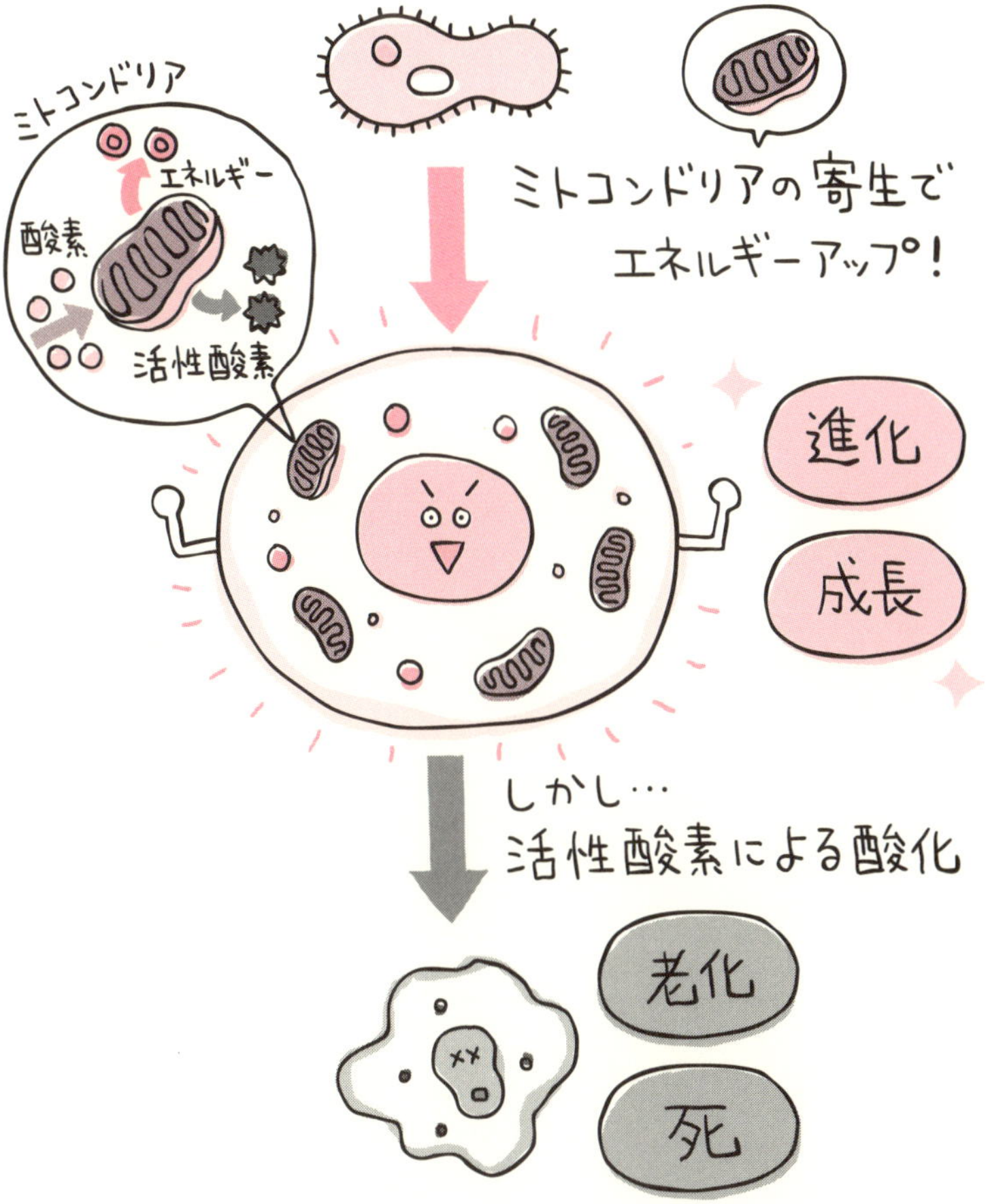

ミトコンドリアがエネルギー（ATP）を生み出す過程で生じる活性酸素こそが老化→死の原因と言える。ストレスケアで抗酸化を心がけることが健康長寿には欠かせない。

私たちは、ミトコンドリアの生み出すエネルギーによって生かされていますが、その過程で活性酸素が生じる以上、老いが進み、やがて死に至る運命は避けられません。しかし、生活習慣を見直し、上手にストレスケアを図っていけば、テロメアの短縮が抑えられ、寿命を延ばすことができるわけです。

後天的な努力こそ大切

前章でも述べましたが、ヒトは生殖期間が終わった以降もミトコンドリアが働き続け、寿命を保つことができる希有な生き物です。

つまり、**上手にストレスケアを図り、ミトコンドリアエンジンをフル活用していくことができれば、その分、健康が保たれ、長生きできる**のです。世界の長寿者の記録をふまえたら、百歳どころか百二〇歳くらいまでは延命も可能でしょう。ミトコンドリアとの共生が生命の進化の大きな転機になったわけですが、それは遠い昔の話というわけではなく、いまの私たちの生き方にもおおいにつながってくることなのです。

実際、健康寿命を脅かす要素として、肥満や過労、睡眠不足、喫煙などが挙げられますが、これらはすべて日常のストレスと深く関わっています。

こうしたストレスケアで問われてくるのは周囲の環境との調和であり、遺伝子のスイッチをオンにするエピジェネティクスの視点です。そして、このエピジェネティクスの基本となるのが、この本のテーマである「共生」でしょう。

繰り返しますが、遺伝子の配列という先天的な要素はここにほとんど関係してきません。私たちは後天的な要素によっていくらでも生き方が変えられるのです。

ヒトの場合、ミトコンドリアをフル活用することに加え、腸内細菌との共生を図ることで、免疫力を高め、健康寿命を延ばすことができます。**腸内細菌との共生についても、もともとヒトはとても優れたつきあい方をしていた**のです。

この点もあまり認識されていないと思われるので、これまでのおさらいを兼ねて、ヒトと腸内細菌との関係を確認していくことにしましょう。

たとえば、ヒトの体内にO-157のような病原性の高い菌が侵入してきても、共生している腸内細菌が免疫の一部を担い、勝手に排除してくれるため、たくさんの腸内細菌と共生ができている人は、そのような病原性の高い菌でも排除することができるのです。

こうした腸内細菌は、消化できない食物繊維などをエサにして、ビタミンB群やC、Kなどを作り出し、さらには脳内神経伝達物質のセロトニンやドーパミンの合成にも関わっています。免疫の70%は腸が担っていると言いましたが、それらの合成をすべて腸の粘膜細胞でやっていたら大変ですから、腸内細菌がこれを助けてくれているのです。

他の動物の腸内でも、こうした共生関係は見られます。たとえば、チンパンジーの腸はヒトよりも長く、腸内細菌の数が少ないことで知られています。腸が自力で活動しなければならない割合が大きいため、脳の活動に十分なエネルギーが使えないのです。他の草食動物もそうですが、**腸の活動に依存し、ヒトのように腸内細菌に頼ってはいない分、脳を発達させられなかったという側面がある**のです。

進化も腸内細菌のおかげ

言い方を換えれば、ヒトがここまで進化できたのは、腸内細菌の助けを必要とするように、自らの体を進化させてきたからです。

そうやって腸を短くして、仕事の多くを腸内細菌に助けてもらうことで、脳を大きくすることができました。古い時代からの生き物たちの協力を得ることによって、他の生物を圧倒するような進化を遂げることができたのです。

そう考えれば、「ヒトには共生する力が他の生物以上に備わっていた」という私の言葉も、よりイメージできるのではないでしょうか。

一般に思い描かれているイメージとは真逆と言ってもいいと思いますが、まったくの独力でここまで進化できたと考えるほうがおかしな話だと思います。共生する力があったからこそ、進化してヒトのような生き物が生まれたのです。

こうしたヒトをヒトたらしめた力を見失い、共生する腸内細菌をないがしろにしてしまったら、心も体もおかしくなってしまうのは当然でしょう。共生を断ってしまったから、自然界から隔離された、いびつな生き物になってしまったのです。

実際、腸内細菌との共生がうまくいかなくなると、アトピーや喘息、ガンになる人が増えていきますし、代謝もスムーズに進みません。セロトニンのような幸せ物質が脳にいかなくなるため、うつ病になる人も増えていきます。

もちろん、ミトコンドリアとの共生を忘れ、解糖エンジンにばかり頼った生き方をすることも寿命を縮め、活力を失わせる要因でしょう。共生の力で進化し、文明社会を築き上げてきたのに、その原動力となったものを遠ざけてしまったわけですから、社会が疲弊してしまうのも不思議なことではありません。

繰り返しますが、**他の生き物との共生をいちばん大事にし、助けられながら生き延びてきたのが、ヒトという存在**なのです。

他の動物のほうがもっと共生してるんじゃないかと思うのは錯覚で、ヒトはこの自然界の仕組みをフルに活用し、必死になって生き延びてきました。だから、その仕組みから離れてしまうと、生きることすら、おぼつかなくなってしまうのです。

脳が発達して、その働きが優位になっていくと、共生の世界が感じられなくなり、自然の法則からは外れてしまうという、私たちはいま、そんなパラドックスの中に生きています。いちばん大事なものを見失い、捨ててしまったのだから、生きる力が失われ、滅びに向かっているというのも必然かもしれません。

図 4-6 ◎ヒトがいちばん共生している

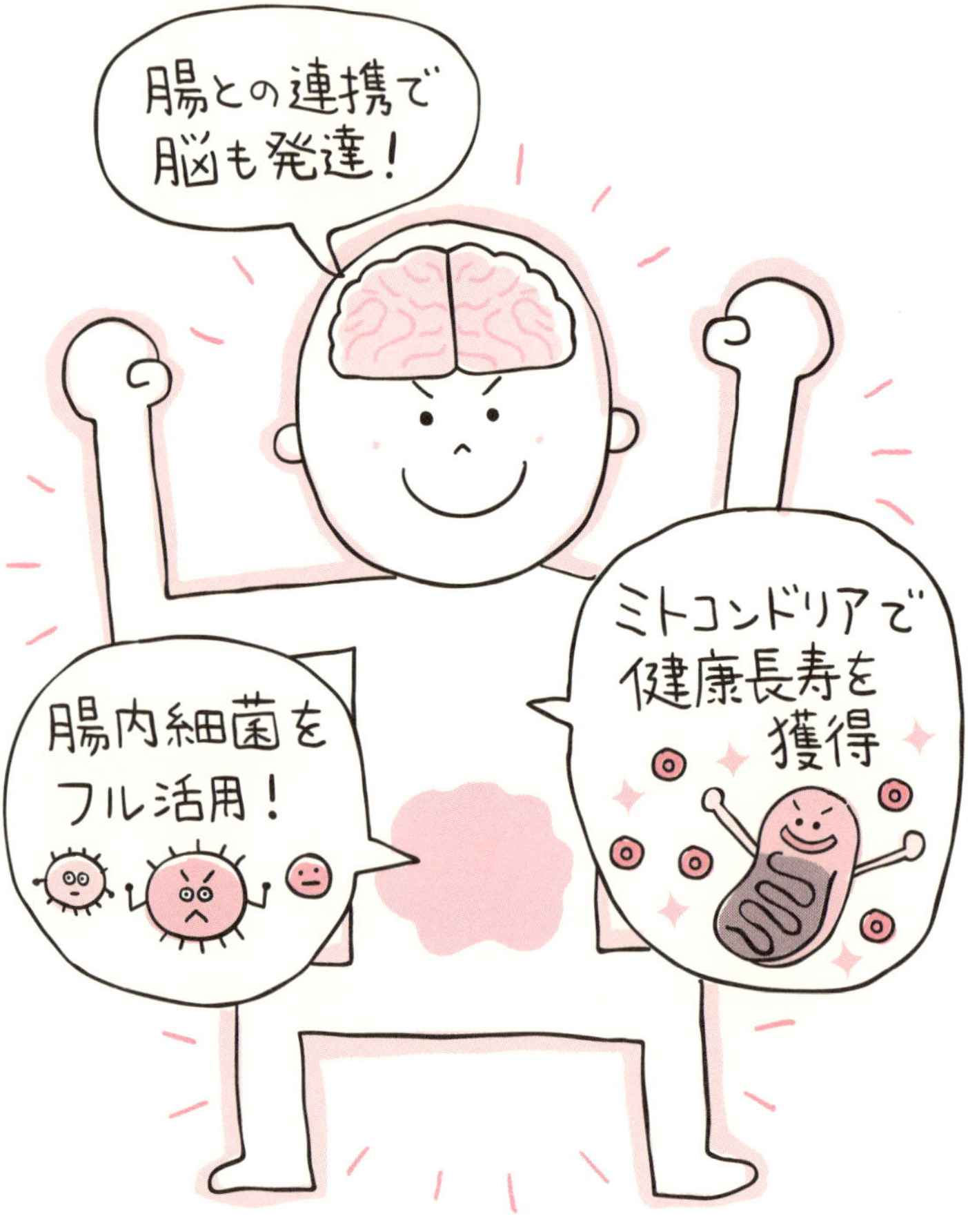

ミトコンドリアをフル活用し、腸内細菌との共生を図ることで、ヒトはここまで進化してきた。じつはヒトには、他の生物以上に「共生する力」が備わっている。

こうした現実を方向転換させていくのは容易ではありませんが、もともと自然界から隔離されていた、いびつな存在だったわけではないのです。むしろ自然との深いつながりを得て、それを大事にすることで進化し、生き延びてきました。——こうしたヒトの歩みを改めて自覚することが、大きな気づきにつながるはずです。

セックスレスからの脱却

人類が共生の力を失い、滅びの道を進んでいるという私の指摘は、いまさら強調するまでもなく、多くの人が危惧していることでしょう。

現に、日本人の出生率はこの数十年ほどの間に低下していますから、この先、人口がどんどんと減っていくことが予測されています。結婚しない人も増えてきたし、結婚しても子どもができない人も出てきています。

主義として結婚をしない、子供を作らないというのならわかりますが、いまは性欲そのものが低下してしまっています。この40年ほどで、日本人の男性の精子の数が3分の1になってしまったと言われ、実際、セックスをしたいという衝動も少なく、セックスをしても子供が生まれにくい若者が増えているようです。

避妊器具が広まったから出生率が減ったという単純なものではなく、その根本には生き物としての活力の低下が見えてくるでしょう。そんな低空飛行では満足に仕事もできず、年をとってからの健康も心配です。体調不良、活力低下を実感している人は、共生の力を少しでも取り戻す方向に努力すべきでしょう。

たとえば、種馬の場合、セックスをしなくなったらどうするかというと、厩舎から出して、自然な環境で一定期間過ごさせるといいます。そうやってリフレッシュすると性欲が出てきて、ふたたび子供が産めるようになるのです。

もちろん、これはヒトにも当てはまりますから、共生の力を取り戻したければ、都会を離れ、自然に少しでも触れるようにすることです。多くの人は、文明社会の中で生きていかざるを得ませんが、休日に森へ行ったり、山の中へ入ったり、菌たちがたくさんいる場所に足を運ぶようにすると少しずつ元気が湧いてきます。

子供のうちからそうした体験をしておくのが一番ですが、中高年になってからでも、手遅れというわけではありません。環境要因が変化することで遺伝子のスイッチがオンになることは、いくらでもありえます。

たとえば、芥川賞作家の玄侑宗久氏が『まわりみち極楽論』（朝日文庫）のなかで書かれていますが、アメリカで80歳以上のお年寄り50名に、20代の青春を謳歌した頃の環境を細かい所まで徹底的に再現した環境で50日間、共同生活を送ってもらうというユニークな実験が行われたそうです。

この共同生活の後に老化度の目安となる皮膚圧を測定したところ、じつに30％以上が20代の皮膚圧に戻ったといいます。若くて元気だった頃の環境で過ごすだけで、約３人に１人が肌の若返りを体験したわけです。

ここまで徹底したことはできないにしても、若い人たちと交流したり、共通の話題、趣味などを持ったりすることで、若い頃の環境を部分的に再現され、若返りの遺伝子がオンになるということも十分にありえます。50歳を過ぎてからも、やり方によってはいくらでも元気は取り戻していけるでしょう。

若返り遺伝子にスイッチを入れる

私の同級生でも、いまだに若い女の子と遊んでいて元気な人がいる一方で、よぼよぼのおじいさんにしか見えない人もいて、ものすごい落差が出ています。

お気づきかもしれませんが、これもやはりエピジェネティクスの影響なのです。年をとっても元気な人というのは、要するに、半ば無意識のうちに若返りの遺伝子がオンになるような生き方ができていたのでしょう。

私自身、そういうからくりに気がついたのが遅かったため、50代の後半はあまり元気がなく、頭もだいぶ禿げかかっていました。しかし、ミトコンドリアや腸とのつきあい方を見直し、糖質制限の食事をしたり、いい水を飲むようになったことで、みるみるうちに体調が良くなり、若返っていきました。

ウソだと思われるかもしれませんが、禿げかかっていた頭もフサフサになり、たくさんの人に「若くなりましたね」と言われるようになりました。理にかなったことをやっていけば、さほど苦労せず若さと健康は取り戻せるのです。

水に関して言えば、石灰岩を通ってきたカルシウムが豊富な硬水には活性酸素を抑える力がありますから、硬水を飲む機会を増やすことがおすすめです。

私の場合、起床時や就寝前は飲みやすいアルカリ性の軟水を摂っていますが、日中はもっぱら硬水を選び、ミネラルを一緒に補給しています。硬水に含まれるカルシウムは血管を強化する働きもあるので、意識して硬水を摂るようにすることで、水分補給にとどまらず、脳梗塞や心筋梗塞の予防にもつながるでしょう。

食事については、私も50代まではかなり無茶苦茶な食べ方をしていました。白いごはん、ラーメン、チャーハンなど、いま思えば炭水化物のオンパレードで、食べすぎが高じて糖尿病になってしまったことで、糖質制限の重要性を知りました。

前章で詳しく述べてきたように、50歳を超えてから糖質制限が必要になってくるのは、子作りのためのエンジン（解糖エンジン）よりも、長生きのためのエンジン（ミトコンドリアエンジン）を使いたいからです。

ミトコンドリアエンジンを使うには、糖質よりもタンパク質や脂質をエネルギー源にし、なおかつ、体をなるべく温めて、ミトコンドリアを動きやすくする必要があります。ミトコンドリア

図 4-7 ◎ミトコンドリアを元気にする生き方

ミトコンドリアを元気にすることには、上記の５つのポイントが重要。
腸を元気にすることがミトコンドリアを元気にする、つまり共生こそが
健康のカギだとわかるだろう。

エンジンは37度くらいがいちばんよく働くので、お風呂にゆっくり浸かるなどして体を冷やさないようにするべきでしょう。

ちなみに、解糖エンジンは35度くらいと、温度の低いところで動きますので、精子を作るには精巣を冷やすことが必要です。若い時は子作りも含めて解糖エンジンもおおいに必要になりますから、体を温め、ミトコンドリアを元気にする生き方は、中高年に入って以降に特に意識することがおすすめと言えます。

あとはゆっくり呼吸するということです。深呼吸をして、酸素を上手に取り入れることも、ミトコンドリアエンジンを動かすうえでとても重要です。

逆に言えば、年を取ったらあまり激しい運動はおすすめしません。大量の活性酸素が発生しますから、頑張ってフルマラソンなどにトライしたりせず、ゆっくり歩き、適度に体を温める必要があります。そして、もちろん、腸内細菌とも仲良くすることも大切です。

一人ひとりの生き方として考えれば、どれも決して難しくありません。文字通り、遺伝子のスイッチがオンになるかどうかはあなた次第です。ほんの少しでも意識が変わり、これまでと違うことが始められれば、そこから変化が起こるでしょう。

この本を読むことで共生の意味を知り、ヒト本来の生き方を取り戻すきっかけが生まれるかもしれません。

COLUMN

「健全なる腸」が「健全なる精力」の源！

腸と健康のつながりについて述べてきましたが、もう一つ忘れてはならないのが、腸と生殖器の関係、つまり、若々しさや元気の源になる精力との関わりでしょう。

個体発生を見ていくと、胎生8週目で腸のもとになる組織がくびれて2つに分かれ、このうち腸から分離した部位が「生殖結節」と「尿生殖洞後部」にさらに分かれていきます。

生殖器になるのは前者の「生殖結節」で、後者の「尿生殖洞後部」は膀胱になります。また、腸のほうからは直腸が分化し、腎臓になる後腎も生まれます。

生殖結節のほうは、それぞれ男性器と女性器に発達していきますから、要するに生殖器も腸由来だったことがわかるでしょう。腸は自律神経のうち副交感神経の働きに支配されていますから、生殖器も副交感神経の影響を強く受けることになります。

ご存じの人も多いかもしれませんが、私たちが無意識に行っている活動はすべて自律神経によってコントロールされています。この自律神経は、活動時に優位になる交感神経と、休息時に優位になる副交感神経に分けられますから、消化の働きと心身のリラックスは相関関係にあることがわかるでしょう。

つまり、生殖器の働きは副交感神経が優位

になり、リラックスすることで活性化するのです。たとえば、男性の早朝勃起（朝立ち）も、副交感神経の働きによって起こります。そう、過度に緊張し、プレッシャーにさいなまれている状態では心身が萎縮し、精力も低下してしまいやすいものなのです。

精力が衰えると、とかく局部にばかり目が向いてしまいがちですが、生殖器もまた腸から分化したものであるという「原点」に立ち返ってみてください。

腸が元気であれば自律神経のコントロールも安定し、各種ホルモンの分泌も盛んになります。結果として精力も高まっていくことが考えられるでしょう。

逆に、お腹の調子がいつも悪いままでは、思うように元気が出ませんが、それは精力にも影響してくるということです。

若々しさも精力も、腸からの指令によって生み出されるのです。「健全なる精神（メンタル）」はもちろん、「健全なる精力」もまた、「健全なる腸に宿る」ということなのです。

こうした精力、あるいは、この本で述べてきたうつ病との関わりなども含め、心身ともに元気に、エネルギッシュに生きる秘訣は、腸の健康、さらにはそのベースにある細胞――ミトコンドリアの健康にあることが見えてきませんか？

共生というキーワードも、まさに生きることそのものに深く関わってくるのです。

おわりに ―― ヒトも他の生き物もすべてが豊かに

2014年は日本ではデング熱、世界的にはエボラ出血熱で大騒ぎしました。いずれの感染症も、私たち人間が「共生」の思想をないがしろにした結果、発生したものでした。

エボラ出血熱ウイルスは、本書でも触れた通り、アフリカのジャングルに棲むオオコウモリの体内で静かに共生しているウイルスです。

人間が勝手にオオコウモリの棲む地域に侵入したため、人体に出血熱ウイルスが入り込み、今回、コンゴ、リベリア、シェラレオーネなどを中心に短い期間に7000人近くの死者を出したのです（WHO調べ、2014年12月17日時点）。オオコウモリの体内では何も悪さをしないエボラ出血熱ウイルスが、ヒトではたちまち命を奪ってしまうウイルスに変わってしまうのです。「共生」を遮断するといかに大変なことが起こるか実感されたことと思います。

一方、日本では、デング熱の発生で大騒ぎになりました。東京の代々木公園での集団発生をきっかけに、新宿御苑や上野公園でも患者の発生が確認され、東京都は代々木公園や新宿御苑を一時閉鎖して、殺虫剤をまき、感染蚊の駆除に躍起になりました。

しかし、こんなことを繰り返しても無駄なことだと私は思います。デング熱を媒介するヒトスジシマカは、東京の森林にはどこにでもいる蚊です。ヒトスジシマカの行動半径はせいぜい100メートルとされていますが、風に飛ばされたり、トラックの荷台に乗ったりして遠くまで運ばれてゆきます。

街のドラッグストアをのぞいてみると数多くの殺虫剤が所狭しに並んでいます。日本人はゴキブリを見つければ、たぶん全員が殺虫スプレーを振り掛けています。しかし、ゴキブリは私たちに対して直接的には何ら悪さをしていないのです。

地球上の人の個体数は今世紀半ばまでに90億に達すると予想されます。しかし、蚊などの昆虫の個体数は実に1000京（10の19乗）に上るとみられています。地球上の人間一人に対して、2億から20億匹の昆虫が存在していることになります。そんな数の昆虫を相手にいくら殺虫スプレーをまいても昆虫の数を減らすことはできないのです。

サイエンティフィックアメリカン誌のS・マースキー編集長は「殺虫スプレーガンを捨てろ、お前たちは包囲されている」と現代人に警告を発しています。

昆虫ばかりでなく細菌数も同じことが言えます。殺菌剤や抗菌剤にあふれた現代社会は、私たちの周りに棲んで、私たちの身を守ってくれている細菌類を追い出しています。

本来、私たちと「共生している細菌」を追い出し、さらに私たちの周りにいるゴキブリや蚊、ハエなどをも消滅させようとしています。それは私たち人間が自分自身でこの地球上に棲めなくするように導いていることに気がついていないからなのです。

環境破壊をし続けている人間をガン細胞のようにみなす捉え方があります。しかし、共生の思想から考えるとガンをただ排除すれば解決できるわけではないのです。「ガンも意味があって存在している」ということに気づけば、「人がいなくなれば環境悪化が食い止められる」「地球環境は人がいないほうが自然の状態が保たれる」というヒト＝ガン細胞的な考え方は通用しないことがわかるからです。

私が本書で述べてきた共生論は、ありきたりの「地球環境を守りましょう」というものではありません。この地球上に棲む生物がみな豊かに生きることで、ヒトも地球環境も良い状態に保たれるということです。

１９８０年代初期、スタンフォード大学のポール・エールリッヒ博士とアン・エールリッヒ博士は生物多様性についての「リベット仮説」を提示しました。二人は生態圏を、鋼鉄のリベット（種子）によって繋がれている巨大な飛行機にたとえました。

個々の種が絶滅しても、飛行機の重量は変わらないが、生態圏を構成している種が少しずつ失われると、生態圏の構造が弱められ、その結果飛行機は分解し、墜落してしまうだろう、と仮説の中で述べています。

閉じ込められた空間を用意して、小さな生態系を作ってみる。そしてその生態系に色々な種を入れると、その種が多様であればあるほど、この小さな生態圏の酸素生産量と全体的な活量が高くなることがわかっています。いま、私たちは地球の「リベット構造」の一部を破壊していると言えるでしょう。

21世紀末には、地球上の生物種の10%ないし20%は、人間活動が原因で絶滅すると考えられています。

種に対する脅威は、最近までは主として地域的なレベルで生じていました。たとえば、ある地域では乱獲によってある種が絶滅の危機を迎え、またある地域では生息地が破壊されて、ある種の生物が絶滅しています。このような事例では、その対策は地域的なレベルで行われてきました。

しかし、現在進んでいる生物種の絶滅の危機はこれまでのものと性質が異なるという点に注意が必要なのです。第一に、現在進行中の地球温暖化は地球上のすべての種と生物群集に何らかの影響を与えているということです。第二に温室効果を示す二酸化炭素は長期間大気中に滞留するため、この温暖化の影響はすぐには取り除くことができないという点です。

したがって、この問題の解決には、今まで経験しなかったような国際的なスケールでの国家間の協力が必要になるということです。

話は変わりますが、国内ではＤｅＮＡやヤフーなどが遺伝子検査を開発し、それが健康志向の高所得者層を中心に広がりを見せつつあります。しかし、いくら遺伝子を調べても健康に関する正確な情報が得られるわけではないということを知らなければなりません。

たとえばガンになるのは、ガンになりやすい家系の遺伝子を持っているかどうかで決まるのではありません。遺伝子が原因でガンを作っている割合はたったの５％で、あとの95％は「環境」の影響です。「環境」とは毎日の食生活や生活習慣、特に「腸内細菌との共生」が重要な環境要因なのです。

第４章でも取り上げましたが、最近、先天的には同じ遺伝情報、つまり、同じゲノムを持っていたとしても、後天的な環境因子でゲノムが修飾され、個体レベルの体質が異なってくるという「エピジェネティクス」（後天的遺伝子制御変化）の研究が発達してきて、徐々に解明が進んでいます。

これは簡単に言えば、「自分の生きている環境を変えれば、遺伝子も変化させられる」ということです。つまり、重要な環境要因である「共生」という概念をうまく取り入れれば、遺伝子も私たち生物がこの地球上でうまく生存できるように変化するということになります。

最近、世間を騒がせたものに、ＳＴＡＰ細胞の事件があります。実在の有無はともかく、酸の刺激で初期化するという方法論については、まさにエピジェネティクスの考え方です。反面、再生医療については、共生の思想とどこか相容れない印象を私は持っています。

なぜなら、私たちを構成している60兆個の体細胞は、生まれてすぐ、たった一つの受精卵から多様化したものです。障害を起こした組織のみを外来の新しい細胞で再生させるという再生医療は、エピジェネティクスの要素を持ちつつも、根底では共生の思想とは異なるところがあると思うからです。

私は『脳はバカ、腸はかしこい』という本の中で、人間の脳の神経細胞の増加率が最も多い生後3年間で、脳の発達に重要な働きかけをしているのが腸内細菌であるということを述べています。

最近の研究によって、脳の発達は環境に依存することが明らかになってきました。遺伝子は確かに脳の基本的な枠組みを決めますが、その形や仕上げを促すのは環境です。そのときに大きな役割をするのが腸内細菌であり、子供を環境に順応するように導いているのです。

チンパンジーの腸はヒトの腸より長く、腸内細菌の数が少ないことで知られています。チンパンジーは、ヒトより腸内細菌が少ないため、腸が自力で活動しなければならない割合が多いのです。そのため、脳の活動に十分なエネルギーを使えなくなり、脳を発達できなかったのです。言い方を変えれば、ヒトがここまで進化できたのは腸内細菌との共生をうまく取り入れた結果だと言えるのです。

最近、日本ではデング熱やエボラ出血熱で騒がしくなってきました。その他にも病原性大腸菌O-157やレジオネラ感染などで悩まされています。完璧な衛生環境、抗生物質や消毒剤といった薬によって完全に守られていた私たちがなぜ、このような感染症で悩まされるようになったのでしょうか。

これまで再三指摘してきたように、私は戦後、日本人が進めてきた「清潔志向」と、それによる日本人の「無菌化」が関係しているように思います。

1960年代半ばから日本人に多発してきた花粉症やアトピー性皮膚炎、気管支喘息などのアレルギー性疾患や2000年頃から急増したうつ病などの病気も、この日本の「無菌化」と密接な関係を持っていたのです。

戦後の日本人の清潔志向は、次第にその度合いを強めてきて、最近では身の回りの人が生きていくために必要な「共生菌」まで排除し始めました。この共生菌の排除が新しく感染症や病気を生み、一方では人間の免疫力を低下させるように働いたのです。そして、この「共生菌」の排除はいつの間にか「異物」の排除に繋がったのです。近頃では、若い日本人の間に、自分の出す汗や匂いまでも排除する傾向が見られ始めたのです。

このような傾向は、もはや人間が「生物」として生きる基盤さえ奪い、そして、それは人間の精神的な面にも影響を及ぼし、日本人の「感性の衰弱」まで引き起こしているように思えるのです。

本稿では「共生の思想」をないがしろにしている人類が自ら生命を危うくしているばかりでなく、地球上の生物全体を絶滅に追いやっている状況について解説しました。

最後に、膨大な資料を整理して、わかりやすくまとめてくださった、長沼敬憲さんと技術評論社の西村俊滋編集長に心より感謝の意を表したいと思います。

２０１４年12月

藤田紘一郎

引用・参考文献

注1　藤田紘一郎(1999).『清潔はビョーキだ』朝日新聞社 p.35

注2　藤田紘一郎(2011).『こころの免疫学』新潮社 p.51

注3　K.FUJITA (2001). Science, vol.292

注4　服部正平(2008). 生命誌

注5　K.FUJITA,S.TSUKIDATE(1981). Immunology

注6　M.D.ガーション(2000).『セカンドブレイン』小学館 p.57

注7　藤田紘一郎(2011).『免疫力をアップする科学』サイエンス・アイ新書 p.76

注8　L.BIEDERMANN, et al. (2013). PLOS ONE

注9　Van Nood, et al. (2013).The New England Journal of Medicine

注10　P.CARNINCI, et al. (2005). Science

注11　J.LEDERBERG:(2000). Science

注12　C.D.FAPPA, et al.(2010). Proceedings of the National Academy of Sciences of the United States of America

注13　BEEKMAN.M, et al.(2010). Proceedings of the National Academy of Sciences of the United States of America

注14　M.CABAJI(2013). Nature

写真提供

p.115　光岡知足（ビフィズス菌）、阿達直樹（江戸川区立小松川第二中学校夜間学級／納豆菌）

p.162　広島市衛生研究所（ウイルス、細菌）、一般社団法人千葉県臨床検査技師会（寄生虫）

【た行】

【な行】

【は行】

【ま行】

【や・ら・わ行】

索　引

◎著者略歴

藤田紘一郎（ふじた・こういちろう）

東京医科歯科大学名誉教授。1939年、中国東北部（旧満州）生まれ。東京医科歯科大学医学部卒業。東京大学大学院にて寄生虫学を専攻。テキサス大学で研究後、金沢医科大学教授、長崎大学医学部教授を経て、1987年より東京医科歯科大学教授。専門は感染免疫学、寄生虫学、熱帯医学。マラリア、フィラリアなどの免疫研究の傍ら、「寄生虫体内のアレルゲン」「ATLウイルスの伝染経路」の発見など多くの業績をあげる。また、免疫学を下敷きにした、ユニークなエッセイストとしても活躍している。著書に、『笑うカイチュウ』（講談社出版文化・科学出版賞）、『清潔はビョーキだ』、『腸内革命』、『バカな研究を嗤うな』、『脳はバカ、腸はかしこい』など多数。

● 編集　長沼敬憲（サンダーアールラボ）
● イラスト　森のくじら
● 装丁　竹内雄二（竹内事務所）

腸内細菌《ちょうないさいきん》と共《とも》に生《い》きる
—免疫力《めんえきりょく》を高《たか》める腸《ちょう》の中《なか》の居候《いそうろう》—

2015年 2月15日　初版　第1刷発行

著　者　藤田紘一郎《ふじたこういちろう》
発行者　片岡　巌
発行所　株式会社技術評論社
東京都新宿区市谷左内町21-13
電話　03-3513-6150　販売促進部
03-3267-2270　書籍編集部
印刷／製本　共同印刷株式会社
定価はカバーに表示してあります。

ISBN978-4-7741-7117-3　C3045
Printed in Japan